KB169749

옥효진 선생님의
초등 돈 공부

용돈 관리부터 주식 투자까지
집에서 시작하는 우리 아이 첫 경제 교육

차례

소득: 돈은 어떻게 버는 걸까?

소비: 버는 것보다 중요한 돈 잘 쓰는 법

저축: 푼돈도 차곡차곡 모으면 큰돈이 된다

투자: 더 나은 미래를 위해 돈을 불리는 일

신용과 대출: 나의 믿음 점수 관리하기

세금과 부동산: 우리 아이 경제 독립의 시작

돈을 알면 세상이 달라 보인다

프롤로그

교실에서 집으로 가져온, 살아 있는 돈 공부

2019년부터 시작한 '학급 화폐 활동'이라고 이름 붙인 교실 속 체험 중심 경제 교육이 어느덧 6년째에 접어들었습니다. 중요한 일이라 생각하기에 학교에서 매년 경제 교육을 해 나가고 있지만, 하면 할수록 머릿속에 드는 생각이 있습니다. 바로 가정에서의 경제 교육이 반드시 필요하다는 생각입니다. 집에서도 아이에게 돈을 가르쳐야 한다는 말에 공감하는 분들은 많이 계실 겁니다. 하지만 어떻게 가르쳐야 할지 생각해 보면 막막함이 앞섭니다.

"어떻게 해야 할지 모르겠어요."

돈에 대해 가르쳐야 할 것 같긴 한데, '어떻게'라는 물음에는 선뜻 대답이 나오지 않습니다. 왜일까요? 학교에서의 경제·금융·돈 교육은 우리의 가려운 곳을 시원하게 긁어 주지 못하고 있습니다. 그리고, 국어, 수학, 영어처럼 아이에게 돈을 가르쳐 주는 학원을 찾아보기도 어렵죠. 무엇보다 아이에게 돈을 가르치기가 막막한 것은 이 이유가 가장 크지 않을까요?

"돈에 대한 교육을 따로 받아 본 적이 없어요…."

부모 세대가 돈 교육을 제대로 받아 본 적이 없다 보니 머릿속에 '어떻게' 해야 한다는 자료가 별로 없습니다. 이런 상황에서 가정에서의 아이들을 위한 경제 교육의 부재는 계속해서 이어집니다.

학교에서 아이들에게 하는 돈 교육이 전혀 없었던 것은 아닙니다. 하지만 아쉽습니다. 그동안 경제, 금융, 돈에 대해 우리 아이들이 배우는 내용은 줄곧 이론 중심으로 이루어졌기 때문입니다. 이론적인 내용만으로는 생활 속에서 만나게 되는 돈과 관련한 상황들에 대처해 나갈 수 없습니다. 개인적인 경험에서 이런 현실이 너무 뼈저리게 다가왔습니다. 수능에서 경제 과목을 선택하였고 점수도 잘 받았지만, 실제 금융 생활에서는 정기예금과 정기적금의 차이도 구분하지 못하는 금융 문맹이었기 때문입니다.

돈 공부를 제대로 하려면 아이들이 직접 돈을 다루어 보도록 하는 것이 중요합니다. 체육 시간에 이론과 함께 실제로 몸을 쓰며 활동에 참여하고, 과학 시간에 이론을 확인하기 위해 실험을 하는 것처럼 말이죠. 돈 공부는 책상 앞에 앉아 글로 배우기보다 직접 경험하는 방법이 좋습니다. 그리고 직접 돈을 다뤄 보는 연습은 아이들의 실제 삶 속에서 이루어지는 것이 가장 좋습니다. 제가 하는 학급 화폐 활동처럼 교실에서 돈을 다뤄 보는 것도 좋지만, 아이가 가정과 실제 삶 속에서 하는 돈 공부의 효과는 그것과 비교할 수 없을 만큼 엄청날 것입니다. 부모님과 함께 온몸으로 경제 활동을 경험한 아이들은 단순히 돈의 흐름을 이해하는 것을 넘어 스스로 삶을 일구어 나가는 어른으로 성장할 테니까요.

학부모님들을 만나는 자리에서 '선생님의 교실 속 활동을 집에서는 어떻게 할 수 있을까요?'라는 말을 많이 듣습니다. 그래서 가정에서 놀이처럼 할 수 있지만, 절대 가볍지만은 않은 돈 공부에 대해 알려 드릴 수 있는 책을 쓰기로 마음먹었습니다. 이 책이 가정에서의 돈 공부에 도움이 될 수 있길 바랍니다. 또, 이를 통해 돈 때문에 삶의 중요한 것들을 놓치게 되는 아이들이 없길 간절히 바라 봅니다.

1장

왜 초등 아이에게 돈 공부가 필요할까?

부모가 몰라서
가르쳐 주지 못했던 돈

부모 세대가 배웠던 돈

"돈 좋아하시나요?"

초등학생 자녀를 둔 부모님들 앞에서 아이의 돈 공부를 주제로 강연할 때 가장 먼저 하는 질문입니다. 당연하게도 '네'라는 대답이 돌아옵니다. 어떤 질문보다도 많은 부모님들이 아주 빠르게 대답을 하죠. 다음으로는 이 질문을 합니다.

"여러분은 어린 시절 돈에 대한 어떤 교육을 받으셨나요?"

첫 번째 질문과 달리 선뜻 대답이 나오지 않습니다. 그도 그럴 것이 경제 교육에 관심이 있어 실천하고 있는 저만 해도 어린 시절 받았던 경제 교육이 번뜩 떠오르지 않습니다. 그러다 몇몇 분이 손을 들고 대답하기 시작합니다. 어딜 가나 대답은 비슷비슷합니다.

"용돈 기입장 쓰기요."

"저축(저금)하기요."

"학교에서 통장을 만들어서 매주 저금을 했어요."

'땡그랑 한 푼, 땡그랑 두 푼'으로 시작하는 동요 '저금통'을 흥얼거리는 분들이 계실지도 모르겠습니다. 조금 과장을 보태자면 부모 세대가 어린 시절에 받았던 돈에 대한 교육은 '절약과 저축'이 전부였습니다. 저도 마찬가지입니다. 그래서 절약과 저축만 하면 살아가는 데 크게 문제가 없으리라 생각했습니다.

하지만 직장을 다니기 시작하고 직접 경제 활동에 참여하다 보니 절약과 저축만으로는 안 된다는 것을 느꼈습니다. 물론 절약과 저축도 경제생활에서 아주 중요한 요소이지만, 이 외에도 알고 있어야 할 돈과 관련된 지식이 많습니다. 살아가며 세금, 신용 점수, 보험, 투자 등 피할 수 없는 경제 상황들을 마주해야 하기 때문이죠. 생각해 보면 저축하라는 이야기를 듣기만 했지 저축에는 어떤 종류가 있고, 저축 통장은 어떻게 만드는지도 배우지 못한 것 같습니다.

우리 아이가 배우고 있는 돈

지금 아이들이 받는 경제 교육은 부모님들이 학교에 다녔던 지난 20~30년 전과 다르지 않을까요? 2023년 기준으로 학교 현장에서 적용되고 있는 2015 개정 교육 과정(2024년부터는 순차적으로 2022 개정교육과정이 도입됩니다) 초등학교 경제 교육 내용을 간단히 살펴보겠습니다.

본격적으로 경제를 다루는 학년은 4학년입니다. 자원의 희소성, 생산, 소비 및 우리 지역과 다른 지역의 물자 교환 사례를 살펴봅니다. 6학년은 가계와 기업의 경제적 역할, 우리나라 경제의 특징, 우리나라 경제 발전사, 다른 나라와의 경제 교류 내용을 배웁니다.

이렇게 교육 과정에서 경제를 다루고 있고, 또 시간도 적지 않게 배정되어 있습니다. 하지만 여전히 실제 삶에서 당장 사용할 수 있는 경제, 금융, 돈에 대한 교육은 부족하다는 생각이 듭니다.

앞으로의 돈 공부

2024학년도 대입 수능 시험에서 사회 탐구를 응시한 수험

생 49만 2,519명 중 1.3%에 불과한 6,255명만이 '경제'를 선택했습니다. 그러다 보니 2028년도 수능에서는 경제 과목이 사라진다는 이야기가 들려옵니다. 이와 함께 수능에서 경제가 빠지게 된다면 학교에서 경제를 가르칠까? 하는 우려 섞인 목소리도 나옵니다. 물론 수능에서 경제가 사라지는 것을 긍정적으로 보는 시각도 있습니다. 수능 입시를 위한 공부가 아닌 실생활에 필요한 경제 공부를 할 수 있는 환경이 마련된다는 것이죠.

수능의 경제 과목 이야기와는 별개로 경제 교육에 관심이 있는 분들이 예전보다 많이 늘어나고 있다는 것이 희망적입니다. 그동안 이론에 치중되어 있던 학교에서의 경제·금융·돈 교육이 아닌 실제 생활에 필요한 돈 교육에 대한 공감대 형성이 이루어지고 있는 거죠. 또 학교 현장뿐만 아니라 각자의 위치에서 아이들에게 필요한 실질적인 돈 교육을 위해 애쓰는 분들도 많이 있습니다. 2024년부터 학교 현장에 적용될 2022 개정 교육 과정에서는 중등에서 금융 교과 신설 내용을 담고 있기도 합니다.

학교에서 배우는 경제 교육의 함정

경제 교육에 대한 관심이 높아지고 학교 현장에서 변화의 움직임도 생기고 있다는 긍정적인 소식이 반갑기도 하지만 아쉽게도 학교에서의 경제 교육은 한계가 있습니다. 그 한계는 바로 생활 속에서의 지속성이 떨어지는 겁니다. 돈은 실제 삶과 밀접하게 맞닿아 있는 영역이므로 한두 시간, 한 단원의 수업으로 끝나는 것이 아니라 아이들의 생활 속에서 꾸준히 이루어져야 합니다. 하지만 학교에서의 경제 교육은 한두 차시, 길어야 한 단원 정도로 끝납니다. 경제 교육에 관심 있는 선생님을 만나서 한 학년 동안 체험을 통한 경제 공부를 하더라도 1년이면 활동이 끝나 버립니다. 이런 한계를 보완할 수 있는 것이 바로 가정에서의 경제 교육입니다. 아이의 돈 공부가 지속성이 있기 위해서는 집에서의 경제 교육이 반드시 필요합니다.

돈 공부,
꼭 해야 할까?

초등 경제 교육에서 가장 중요한 목표는?

모든 교육에는 목표가 필요합니다. 목표가 명확해야 가르치는 내용이나 방법에 일관성이 있죠. 학교의 모든 수업에는 학습 목표가 있습니다. 경제 교육도 마찬가지입니다. 부모가 아이에게 돈을 가르칠 때 어떤 목표를 두었는지에 따라 돈 공부의 내용이나 방법이 달라집니다. 그런데 간혹 부모님 중 교육의 목표를 이렇게 설정한 것처럼 보이는 분들이 있습니다.

'우리 아이 부자 만들기'

부자라는 단어는 돈을 이야기할 때 빠지지 않는 것 같습니다. 경제 관련 서적만 보더라도 '부', '부자'라는 말이 들어간 책이 베스트셀러를 차지하고 있습니다. 사람들은 많은 부를 가지고 싶어 하고 각자가 생각하는 기준에서 '부자'가 되고자 합니다. 삶의 목표를 '부자 되기'로 삼는 사람들도 많습니다. '부자 되기'라는 목표가 잘못되었다고 이야기하고 싶지는 않습니다. 하지만 부모가 아이에게 하는 돈 교육에서 '부자 되기'라는 목표보다 앞에 와야 하는 중요한 목표가 있습니다.

'우리 아이 경제적으로 독립시키기'

경제 교육의 가장 첫 번째 목표는 우리 아이를 경제적으로 독립시키는 것입니다. 아이가 스스로 돈 관리를 할 수 있도록 하는 것이죠. 아이 스스로 얻은 돈을 쓰고 관리할 수 있어야 합니다. 부모의 돈 교육을 통해서 아이는 혼자서 할 수 있는 경제 활동의 영역을 넓혀 가야 합니다. 최종적으로는 성인이 됨과 동시에 독립된 경제 주체로 서도록 하는 거죠. '부자 되기'라는 목표는 경제적으로 독립한 아이가 스스로 세워야 하는 것이지, 부모가 아이의 돈 공부를 시킬 때의 목표로 삼기엔 적절하지 않습니다.

부자들의 경제 교육은 뭐가 다를까?

한 20대 여성이 스키용품점에 들어왔습니다. 필요한 물건을 사고 체크카드를 점원에게 건넸습니다. 이때 손님의 카드에 적힌 '게이츠'라는 성이 점원의 눈에 들어옵니다. 점원은 손님에게 물었습니다.

"혹시 빌 게이츠 씨의 가족이나 친척이신가요?"

점원의 물음에 손님은 '아니요'라고 대답했습니다. 그러자 점원이 이렇게 말했습니다.

"그렇죠? 만약 빌 게이츠 씨의 가족이었다면 더 좋은 스키용품을 샀을 거예요."

사실 이 손님은 마이크로소프트의 창업자 빌 게이츠의 막내딸인 피비 아델 게이츠였습니다. 남들이 보기에 더 좋은 스키용품을 사지 않고 필요한 것만 구매한 그녀의 이야기는 빌 게이츠의 자녀 경제 교육 목표를 엿볼 수 있는 일화이죠.

세계적인 투자 귀재 워런 버핏도 늘 자녀들에게 '나의 돈은 너희의 돈이 아니다'라는 말을 한다고 합니다. 자신의 부를 자녀들이 그들의 부로 생각하지 않게 한 것이죠. 석유 재벌인 록펠러 가문에서도 자녀들에게 주는 정해진 돈과 용돈 사용의 규칙이 있다고 합니다. 그리고 매주 모여 용돈 사용을 점검하고 규칙을 잘 지킨 아이에게는 부상을, 그렇지 않은 아이에게는 벌금을 매겼다고 합니다.

대부분의 사람은 부자들이 자녀들에게 지원을 아끼지 않으며 경제적인 부족함을 느끼지 않게 할 것이라 생각합니다. 세계적인 부자들은 마음만 먹으면 아이에게 평생 쓸 돈을 줄 수 있죠. 내가 저 정도의 부자라면 우리 아이에게 필요한 모든 것을 부족함 없이 지원해 줄 거라고 생각하는 부모님도 있을 겁니다. 하지만 빌 게이츠, 워런 버핏, 록펠러는 그렇지 않았죠. 아이들에게 경제적 지원을 해 주며 부족함 없이 지내게 하기보다는 돈 관리를 스스로 할 힘을 길러 주었습니다. 세계적인 부자들도 경제 교육의 목표를 아이의 경제적인 독립으로 설정한 것이죠.

갑질당하는 부모들

"호의가 계속되면 권리인 줄 안다."

한 영화의 명대사 중 하나입니다. 10년이 넘은 영화의 대사인데도 여전히 많이 사용되고 있죠. 당연하지 않은 것을 당연하게 여기는 순간 인간은 감사함을 느끼기 어렵습니다.

갑질 사건이 자주 뉴스에 나옵니다. 이런 일들은 감사함을 느껴야 하는 쪽이 당연함을 느끼기 때문에 생기는 일이 아닐까 합니다. '손님은 왕이다'라는 생각은 식당의 직원들이 가져야 할 생각이지 손님이 가져야 하는 생각은 아닙니다. 손님이 '손님은 왕이다'라고 생각하는 순간 호의를 권리로 알고, 감사해야 할 일을 당연한 일로 느끼게 되죠.

혹시 아이들에게 갑질을 당하고 있지는 않은지 생각해 보기를 바랍니다. 아이에 대한 사랑과 호의가 아이에게는 당연한 일이 되지는 않았는지 말이죠. 아이들도 인간인지라 당연한 일에는 감사함을 느끼기 어렵습니다.

경제적인 부분에서도 마찬가지입니다. 부모로서 우리 아이에게 필요한 것들을 지원하는 게 당연하다는 생각은 부모가 해야 하는 생각이지 아이가 해야 하는 생각이 아닙니다. 아무리 많은 지원을 받고 있더라도 '당연한 것'이라고 인식하는 순간 감사함은 먼 이야기가 됩니다. 오히려 더 지원받지 못함에 부모를 원망하고 탓하는 지경에 이를 수도 있죠.

그렇기에 더더욱 돈 교육의 첫 번째 목표는 '우리 아이를 경제적으로 독립시키는 것'이 되어야 합니다. 똑같은 경제적 지원을 해 주더라도 경제적으로 독립하지 못한 아이는 '당연한 것'으로 생각하고, 경제적으로 독립한 아이는 '감사한 것'으로 생각합니다. 또한, 스스로 부자 되기라는 목표를 세웠는데 마음처럼 잘되지 않는다면 경제적으로 독립하지 못한 아이는 부모의 지원 부족을 원인으로 생각해 부모를 원망할 것이고, 경제적으로 독립한 아이는 스스로에게서 문제를 찾고 해결하고자 할 것입니다.

아이 스스로 해 보는 돈 공부가 필요하다

아이가 축구를 잘하려면 부모가 가장 먼저 무엇을 해야 할까요? 바로 축구공을 아이에게 가져다 주어야 합니다. 아이에게 공을 건네주고 혼자서 만져 보기도 하고 던져 보기도 하고 발로 차 보기도 하며 공이랑 우선 친해지게 만들어야 하죠. 그 뒤에 공을 이용한 드리블, 패스, 슛 등의 기술을 가르칩니다. 다음으로 기술들을 활용한 연습 경기를 하게 되고, 최종적으로 실제 경기를 뛰게 됩니다.

돈 교육도 마찬가지입니다. 돈 교육은 경제, 금융, 돈과 관련된 책만 본다고 되는 것이 아닙니다. 돈을 제대로 배우기 위해서는 우선 돈이라는 공을 아이에게 쥐여 주고 친해지게 만들어야 합니다. 아이가 돈이라는 공과 친해지고 난 다음 돈에 대한 다양한 기술들을 가르치고, 기술들을 활용한 연습 경험을 충분히 쌓으며 마지막으로 삶이라는 실제 경기에 뛰어들게 해야 합니다.

"돈은 경험을 통해 배우는 것이 가장 좋습니다."

실수하며 배우는 아이들

아이가 축구를 배우다 보면 공을 밟고 넘어져서 우는 경우도 있고, 상처가 생길 수도 있습니다. 연습한 기술을 제대로 익히지 못해 좌절하는 경우도 있죠. 돈 공부를 할 때도 마찬가지입니다. 부모가 가르치고 일러 주더라도 아이는 소득을 제대로 관리하지 못하거나 불필요한 소비들로 돈 관리를 제대로 하지 못할 수 있습니다. 하지만 이러한 돈 공부의 실수와 실패를 반가워했으면 좋겠습니다. 아직 실전이 아니기 때문이죠.

아이가 성인이 된 이후의 삶에서, 즉 실전에서 소득 관리를 못하거나 무분별한 소비를 하거나 투자에 실패하거나 금융 사기를 당한다면 회복하는 데 너무나 많은 에너지와 시간이 사용됩니다. 한 사람의 삶 자체가 휘청일 수도 있습니다. 실전에서 경험치를 쌓으며 그제야 배우는 것은 너무나 큰 위험 부담과 많은 대가가 따릅니다. 그러므로 돈을 다루는 경험은 어린 시절부터 충분히 할 수 있어야 합니다. 나의 실수가 삶을 흔드는 일이 아니라 실전을 위한 힘을 기르는 경험이 되도록 아이가 어릴 때부터 돈 공부를 하도록 도와주어야 합니다.

앞서 이야기한 것처럼 돈 공부에서 실수는 너무나 자연스러운 일이고 필요한 일입니다. 하지만 실수 그 자체보다 중요한 것은 그 실수를 통해 무엇을 배웠는가입니다. 그런데 이때, 부모가 아이의 실수를 대신 해결해 준다면 아이는 아무것도 배울 수 없습니다. 부모는 아이가 스스로 책임지고 깨달음을 얻을 수 있도록 기다려 주는 마음가짐이 필요합니다.

"결국 돈 공부란 아이에게 자율성과 책임감을 한꺼번에 주는 것입니다."

자유롭게 돈을 관리하되 이 과정에서 생긴 실수와 실패, 그리고 이에 대한 책임도 온전히 아이 스스로 지도록 해야 합니다.

돈 공부의
'코브라 효과'를 주의하라

코브라 잡기가 불러온 역효과

과거 인도 정부에서는 코브라 때문에 골머리를 앓았습니다. 야생의 코브라에게 물려 죽거나 다치는 사람이 너무 많았기 때문이죠. 그러다 정부는 한 가지 방법을 생각해 냈습니다. 바로 코브라를 잡아 코브라 머리를 가져오면 보상금을 지급하는 것이었습니다. 정책을 시행하자 많은 사람이 너나 할 것 없이 코브라를 잡아 정부에 가져오기 시작했습니다. 당연한 결과였죠. 코브라를 잡아 오면 돈을 벌 수 있으니까요. 정부에서는 코브라의 개체수를 크게 줄일 수 있다고 생각했습니다. 그렇게 얼마간의 시간이 지난 후 정부에서는 코브라의 개체 수가 얼마나 줄었는지 확인하러 나갔습니다. 그리고 인도 정부는 충격적인 사실을 알게 됩니다. 바로 사람들이 코브라를 집에서 키우고 있다는 사실이었습니다.

야생의 코브라를 잡으러 다니는 것은 힘든 일입니다. 이에 비해 집에 우리를 만들어 코브라를 키운 후 머리를 가져가는 건 훨씬 쉬운 방법이었죠. 이 사실을 알게 된 정부는 곧바로 정책을 없앴습니다. 그러자 집에서 키우는 코브라로 돈을 벌 수 없게 된 사람들은 우리를 없애고 코브라를 내다 버리기 시작했습니다. 결국, 정책을 펴기 이전보다 야생의 코브라 수는 훨씬 더 많이 늘어나 버렸죠. 여기서 만들어진 말이 바로 '코브라 효과'입니다. 코브라 효과는 무언가를 해결하기 위해 사용한 방법이 오히려 상황을 악화시킬 때 사용하는 말입니다.

아이에게 돈 공부를 시키려면 '돈'이라는 것을 사용할 수밖에 없습니다. 축구를 가르칠 때 축구공이 필요하듯이 말이죠. 그런데 아이에게 돈을 가르칠 때는 '코브라 효과'를 조심해야 한다는 사실을 명심해야 합니다. 돈 공부를 할 때 생기는 코브라 효과는 돈을 다루기 때문에 생길 수 있는 부작용을 의미합니다. 돈으로 인한 부작용이란 '돈이면 무엇이든 다 된다', '돈이 최고다'와 같은 생각을 하는 것입니다. 돈이 우리 삶에 필요하고 중요한 가치 중 하나임은 틀림없습니다. 하지만 돈을 가르칠 때는 다른 가치들도 함께 생각할 수 있게끔 해야 합니다.

돈 공부에서 코브라 효과를 예방하려면 돈을 아이의 행동을 쉽게 변화시키기 위한 무기로 쓰지 않아야 합니다. 여기서 무기라는 말은 칭찬과 벌을 모두 포함합니다. 즉, 칭찬할 때와 벌을 줄 때 돈을 이용해서는 안 됩니다.

돈이 무기가 되어서는 안 되는 이유

2019년부터 교실에서만 쓸 수 있는 '미소'라는 단위의 학급 화폐를 활용해 돈에 대해 가르치고 있습니다. 교실에서만 쓸 수 있는 가상의 화폐임에도 아이들은 돈을 굉장히 좋아합니다. 많이 벌고 싶어 하고 많이 가지고 싶어 하죠. 아이들이 좋아하는 것이니 교사는 이런 식으로 활용할 수도 있습니다.

"다음 주 시험에서 100점을 받는 친구들에게는 100미소를 주겠습니다."

"수업 태도가 좋았으니 50미소를 주겠습니다."

이 말을 하는 순간 아이들은 즉각적으로 행동을 바꿉니다. 시험공부를 조금이라도 더 하고, 수업 중 자세도 고쳐 앉으며 발표하기 위해 손을 드는 횟수도 늘어납니다. 돈을 마치 칭찬 스티커를 쓰듯이 씀으로써 아이들의 행동을 쉽게 바꿀 수 있는 것입니다. 하지만 돈 교육을 할 때 절대 돈을 이런 식으로 써서는 안 됩니다. 칭찬받을 일에 돈을 주는 방법을 사용하면 시간이 조금 지났을 때 아이들 입에서 이런 말이 자연스레 나오기 때문입니다.

"이거 하면 얼마 주실 거예요?"

"문제 다 맞혔어요. 이번에도 돈 주시는 거예요?"

최악의 경우 아이의 입에서 이런 말이 나옵니다.

"돈 안 줘요? 그럼 안 할래요."

이러한 상황은 학교뿐만 아니라 집에서도 많이 일어나고 있을 겁니다. 학생이 학교에서 수업을 듣는 것이나 규칙을 지키는 것은 돈을 받기 때문에 하는 일이 아닙니다. 그럼에도 교사가 돈을 아이들의 행동을 유도하기 위한 무기로 사용하는 순간 아이들은 교실 속 모든 일들을 돈으로 바라보기 시작합니다. 교실에서 가장 중요하고 가장 큰 가치가 '돈'이 되어 버리는 것이죠. 다양한 가치를 가르쳐야 하는 교육에서 결코 바람직한 모습이 아닙니다. 그렇다고 아이들 탓을 할 수는 없습니다. 교사가 돈을 무기로 써서 아이들이 그렇게 생각하게끔 했기 때문이죠. 그렇기 때문에 아이들이 칭찬받을 일을 했다고 해서 보상으로 돈을 주는 것은 조심해야 합니다. 이는 집에서도 마찬가지입니다.

아이들은 규칙을 지키며 사회의 구성원으로 지내는 방법을 배워갑니다. 사회에서도 학교에서도 집에서도 지켜야 할 법과 규칙이 있습니다. 돈 공부를 하다 보면 아이가 지켜야 하는 규칙과 돈을 연결 지어도 되겠다는 생각이 듭니다. 바로 규칙을 어겼을 때 벌금을 내도록 하는 것이죠. 실제로 교실에서도 벌금 제도를 운영해 본 적이 있습니다.

벌금의 목적은 아이들이 하지 않았으면 하는 행동을 덜 하도록 만드는 것입니다. 돈이 '벌'의 도구가 되는 거죠. 벌금은 칭찬할 때 돈을 주는 것만큼이나 효과가 즉각적입니다. 아이들은 규칙을 지키려 노력하고, 자신의 행동을 조절하려고 합니다. 벌금을 내야 하기 때문이죠. 하지만 1년도 지나지 않아 벌금 제도에 많은 코브라 효과가 발생했고, 지금은 교실에서 벌금 제도를 운영하지 않습니다. 벌금 제도로 생겨나는 코브라 효과는 세 가지 정도가 있습니다.

① 벌금이 면죄부가 된다

처음에 아이들은 벌금을 굉장히 신경 씁니다. 내가 가진 돈이 줄어들 수 있기 때문이죠. 그런데 시간이 지나 어느 정도 자산이 형성되면 더 이상 벌금이 무서운 돈이 아닙니다. 내더라도 큰 타격이 없는 돈이죠. 그렇게 되면 이런 생각을 하는 아이들이 하나둘 생겨납니다.

"그냥 복도 뛰고 벌금 내지 뭐."

최악의 경우는 이런 생각을 하는 아이도 있죠.

"어라? 돈을 내면 뛸 수 있네?"

규칙에 대한 책임감을 부과하기 위한 벌금 제도가 이용료 개념처럼 변질됩니다. '잘못해서 내는 돈'이 아니라 '이 행동을 정당하게 할 수 있는 대가'가 되어 버리는 것이죠.

② 죄책감이 줄어든다

고등학생 시절 담임 선생님께서는 교실에서 지각을 한 학생에게 '지각비'를 걷었습니다. 그러자 앞에서 말한 대로 지각비는 당당하게 지각을 할 수 있는 이용료로 변질되기 시작했습니다. 아이들이 '돈을 냈으니 지각해도 된다'라고 생각하게 된 거죠. 실제로 돈을 내고 말겠다며 지각을 무서워하지 않는 아이들도 생겼습니다. 하지만 지각을 하지 않아야 하는 이유는 '돈을 내야 하기 때문'이 아니라 '함께 지켜야 하는 규칙'이기 때문입니다. 그리고 규칙을 지키지 않았을 때 드는 상대에 대한 미안함이나 죄책감, 나의 지각으로 다른 사람들이 겪는 피해 때문입니다. 하지만 잘못의 대가를 돈으로 치르는 순간부터 이 죄책감은 크게 줄어듭니다. 죄책감이 줄어들면 잘못된 행동을 고쳐야 한다는 생각이 없어지죠. 한번 줄어든 죄책감은 벌금이 사라지더라도 다시 회복되기 어렵습니다.

③ 문제 해결 방법은 벌금뿐이라고 생각한다

벌금 제도가 존재하는 학급에서 점심시간 질서가 지켜지지 않는 문제 때문에 학급 회의를 열었습니다. 교사가 '어떻게 하면 점심시간 질서를 잘 지킬 수 있을까?'라고 주제를 공개하자 여러 명의 아이가 손을 듭니다. 그리고 이렇게 이야기합니다.

"점심시간에 질서를 지키지 않으면 벌금을 내게 해요!"

만약 그래도 질서를 지키지 않으면 어떻게 해야 할지 묻는다면 아이들은 '더 많은 벌금을 내게 해요'라고 답합니다. 문제를 근본적으로 해결할 방법을 생각하는 것이 아니라 오로지 더 많은 '벌금'을 내 그 행동을 못 하도록 만들자는 것이죠. 벌금 제도가 존재하는 것만으로 아이들의 사고는 '벌금'이라는 틀에 갇혀 버리게 됩니다.

돈은 아이들의 생활 속에서 경험을 통해 자연스레 배울 수 있게 해야 합니다. 하지만 생활 속에서 가르친다는 것이 생활의 모든 영역을 돈과 관련지어야 한다는 것은 아닙니다. 학교에서 아이들과 함께하는 수업과 생활 지도 상황에서 돈을 무기로 사용하지 않는 것처럼 가정에서 돈 교육을 할 때도 돈을 개입시킬 영역과 그렇지 않을 영역을 구분 지어야 합니다. 어떤 영역에 돈을 사용하고 어떤 영역에 돈을 사용하지 않을지는 뒤에서 자세히 살펴보도록 하겠습니다.

아이에게 카드를 만들어 줘도 될까?

현금을 쓰지 않는 사회

대한민국은 전 세계적으로도 현금 사용률이 낮은 나라에 속합니다. 한 조사에 따르면 우리나라의 현금 사용률은 14% 정도라고 합니다. 생각해 보니 저도 지갑을 들고 다니지 않은 지가 꽤 된 것 같습니다. 가게에는 키오스크가 늘어나서 현금으로 결제하기 어려운 곳도 많아졌죠. 아예 현금 결제를 할 수 없는 매장도 있습니다. 최근 들어서는 카드조차 들고 다니지 않는 사람들도 많습니다. 휴대 전화 하나로 대부분의 결제가 가능하고 큰 금액이 아니라면 휴대 전화만 가지고 현금 인출도 가능합니다. 이쯤 되니 현금을 쓰지 않는 사회에서 살고 있는 지금, 현금으로 아이에게 돈 공부를 시키는 것보다는 카드를 사용하게끔 하는 게 더 좋지 않을까? 하는 생각도 듭니다.

"하지만 아이의 경제 교육은 '현금'으로 하는 게 좋습니다."

지폐와 동전을 만지며 돈의 양감을 키워 가는 아이들

부모님이 만들어 준 체크카드를 이용하는 아이들이 몇몇 있습니다. 카드를 사용하면 많은 편리함이 있죠. 언제든 부족한 돈을 계좌 이체해 줄 수 있고, 아이가 어디에 돈을 썼는지 확인할 수도 있습니다. 교통 카드 등 부가 기능도 활용할 수 있죠. 또한, 카드를 잃어버리더라도 돈을 잃어버리는 게 아닙니다. 빠르게 분실신고를 한다면 금전적 손실은 발생하지 않습니다. 관리가 훨씬 수월해지죠. 반면 현금은 많은 단점을 가지고 있습니다. 잃어버릴 수도 있고, 어디에 얼마나 썼는지 기록이 남지 않죠. 게다가 부피나 공간을 차지해 번거롭기도 합니다. 하지만 현금이 가지고 있는 가장 큰 장점이 있습니다.

"돈에 대한 양감을 기를 수 있습니다."

카드나 휴대 전화로 결제하면 어른들도 돈에 대한 감이 떨어집니다. 그래서 매달 카드 대금 결제 문자를 받으면 놀라곤 하죠. 항상 내가 썼다고 생각하는 것보다 많은 금액이 청구됩니다. 하지만 청구 내역을 하나하나 확인하면 모두 과거의 내가 쓴 것이 맞습니다. 어른들도 이런데 아이들은 어떨까요? 초등 시기는 아이들의 발달 단계상 '구체적 조작기'에 해당합니다. 그래서 수학 시간에 숫자만 가지고 수업하지 않습니다. 수막대, 도형 등 여러 구체물을 직접 다루며 공부하죠. 그 이유는 바로 수에 대한 양감을 익히기 위해서입니다. 돈도 결국 숫자를 활용하는 것이기에 경제 공부의 첫 시작은 구체물인 지폐와 동전, 즉 현금과 함께해야 합니다. 나에게 얼마만큼의 돈이 있는지, 내가 얼마만큼의 돈을 쓰는지 현금을 만지면서 그 양을 느껴야 합니다.

현금 사용을 위해 아이에게 지갑을 하나 선물해 주는 것도 좋습니다. 주머니나 가방에 돈을 넣어 다니다 보면 구겨지고 찢어지며 어디에 있는지도 잊게 됩니다. 돈을 소중히 다루도록 지폐와 동전을 넣을 수 있는 지갑을 하나 사서 아이가 앞으로 사용하도록 해 주는 것이죠. 신분증을 넣는 포켓이 있다면 돈 공부를 시작하는 아이를 향한 응원의 메시지를 적어서 넣어 둡니다.

"○○이의 돈 공부를 응원해!"

체크카드는 어떻게 사용할까?

현금을 쓰는 것이 가장 좋은 방법이지만 어쩔 수 없이 카드를 사용해야 한다면 이런 방법을 사용할 수 있습니다.

우선 아이에게 현금으로 돈을 주되 받은 현금을 들고 다니는 것이 아니라 집에 보관하도록 합니다. 그리고 아이가 사용할 체크카드를 줍니다. 아이가 생활 속에서 돈을 쓸 때는 이 체크카드를 사용합니다. 대신 하루를 마무리할 때, 아이가 그날 카드로 쓴 만큼의 돈을 자신이 갖고 있는 현금으로 부모에게 내도록 하는 과정을 추가합니다. 만약 매일 정산하기가 어렵다면 이틀에 한 번이나 1주일에 한 번 정도로 기간을 조절합니다. 하지만 기간이 길어지면 그만큼 소비하는 양에 대한 감이 떨어지기 때문에 매일 하는 것을 추천합니다. 특히 돈 공부를 시작하는 단계에서는 매일매일 해 주는 것이 좋습니다. 부모에게 현금을 낼 때는 합계만 이야기하기보다는 사용한 내역을 하나하나 확인하며 내도록 하는 것이 좋습니다. 체크카드로 사용했으니, 돈을 사용한 내역은 쉽게 확인할 수 있습니다. 이 과정을 통해 아이는 오늘 하루 동안 얼마큼의 돈을 어디에 썼는지 돈을 직접 세어 가며 사용한 돈의 크기를 체감할 수 있습니다. 그런 다음에 아이가 쓴 돈의 내용을 용돈 기입장에 정리하도록 합니다. 이때, 계산은 아이가 직접 하도록 합니다. 계산을 어려워한다면 계산기를 사용하도록 해도 됩니다. 답답함에 부모가 대신 계산해 주지 않도록 유의합니다.

"오늘 과자 1,200원, 아이스크림 600원, 문구점에서 1,000원을 썼어요. 엄마, 여기 2,800원이에요."

현금으로 정산하는 일이 번거로울 수도 있지만 하루 일과의 마무리로 습관이 되면 오히려 용돈 기입장을 정리하는 게 편해질 수 있습니다. 현금으로 소비를 하면 아이는 하루 동안 쓴 돈을 다 기억하지 못할 수도 있지만, 체크카드는 사용하면 내역을 확인할 수 있습니다.

- 아이에게 용돈(또는 2장에서 다룰 우리 집 근로계약에 따른 급여)을 현금으로 지급한다.
- 용돈(급여)은 집에서 아이가 정한 곳에 보관한다.
- 아이에게 체크카드를 주고 사용하도록 한다.
- 정해진 기간(매일 하는 것을 추천)마다 체크카드로 사용한 돈을 현금으로 내도록 한다.
- 사용 내역을 용돈 기입장에 기록한다(부모의 문자나 앱으로 아이가 직접 내역을 확인한다).
- 만약 카드로 사용한 돈을 현금으로 내지 못한다면 카드 사용을 중지한다.

현금을 사용하거나 카드로 쓴 돈을 현금으로 내도록 하는 방법을 통해 돈에 대한 양감이 생기고 아이 스스로 돈을 관리하는 습관이 만들어지면, 이후에는 체크카드만 사용해도 좋습니다. 대신 벌고 쓴 돈을 용돈 기입장에 기록하는 것은 계속 해나가도록 합니다. 가정에서는 자녀 교육을 위한 앱 등 다양한 플랫폼이 있습니다. 체크카드와 연계된 용돈 관리 앱을 활용하는 것도 추천합니다.

2장

소득:
돈은 어떻게 벌는 걸까?

돈 공부를 위한 돈이 필요하다

아이가 돈을 얻는 세 가지 방법

부모가 알아야 할 경제 개념 체크

소득을 얻는 방법은 다양합니다. 크게는 '일(노동)을 하고 돈을 버는 방법'과 '돈(자본)으로 돈을 버는 방법'이죠. 일을 하고 돈을 버는 방법은 정해진 기간에 정해진 일을 하고 돈을 버는 '근로소득', 사업체를 운영하여 돈을 버는 '사업소득'이 있습니다. 근로소득은 정해진 돈을 받지만, 사업소득은 사업의 결과에 따라 소득이 달라집니다. 돈으로 돈을 버는 방법은 '자본소득(금융 또는 재산소득)'입니다. 저축이나 투자 등이 해당합니다. 아이가 치우치지 않고 다양한 소득을 이해하고 경험하도록 해 주세요.

어른처럼 아이도 일상생활을 위한 돈이 필요합니다. 그런데 이 돈을 얻는 방법이 아이마다 서로 다릅니다. 돈을 얻는 다음 세 가지 방법 중 우리 아이는 어떤 방법으로 필요한 돈을 얻고 있는지 체크해 볼까요? 그리고 어떤 방법이 아이의 돈 공부에 가장 도움이 되는 방법일지도 생각해 보길 바랍니다.

- □ 아이가 얻는 돈이 없다(모든 돈을 부모가 관리하고 부모가 지출).
- □ 필요할 때 필요한 만큼 받는다(비정기적 용돈).
- □ 정해진 기간마다 정해진 돈을 받는다(정기적 용돈).

"저는 용돈을 안 받는데요?"

초등학교 5학년 실과에는 '용돈 관리 방법을 알고 실생활에 적용하기' 내용이 있습니다. 경제에 관심이 있으니 이 수업이 기대되었습니다. '아이들에게 돈 관리 방법을 알려 줄 수 있겠구나' 하는 기대에 차서 시작한 수업에 한 아이가 손을 들고 이야기합니다.

"선생님, 저 용돈 안 받는데요?"

—〈세금 내는 아이들〉 에피소드 중

수업의 시작과 동시에 아이의 말을 듣는 순간, 이 아이에게는 오늘 수업이 뜬구름 잡는 이야기이겠다는 생각이 들었습니다. 내가 직접 다룰 수 있는 돈이 없는 상황에서 지출 계획을 세우고 돈 관리를 한다는 것은 말이 되지 않기 때문이죠. 용돈을 받지 않는다고 대답한 아이들이 정말 돈을 한 푼도 받지 않는다고는 생각하지 않습니다. 아마도 필요할 때마다 필요한 만큼의 돈을 받아 생활하겠죠. 그런데 이런 경우 아이가 돈 공부를 하기 어렵습니다.

돈을 얻는 세 가지 방법 중 아이의 돈 공부에 가장 도움이 되는 방법은 '정기적 용돈'을 받는 것입니다. 자신이 관리해야 하는 정기적인 용돈을 받으며 돈 관리 계획을 세우고 자신의 돈 관리 방법을 점검해 보는 거죠. 하지만 이보다 더 좋은 선택지가 있습니다.

□ 아이가 직접 돈을 번다.

그냥 받은 돈과 직접 번 돈, 이렇게 다르다!

2019년부터 아이들이 교실에서 자신의 직업을 갖고 돈을 벌도록 하고 있습니다. 2주에 한 번씩 급여 날이 돌아오는데 참 신기한 게 어른들만큼이나 아이들도 급여 날을 엄청나게 기다린다는 것입니다. 특히 첫 급여 받는 날을 무척이나 기다립니다. 급여를 받고 나면 어떻게 할지 계획을 세우고 급여 전날이 되면 내일 급여를 받는 게 맞냐며 물어 오는 아이들도 있습니다. 첫 급여를 받은 아이들은 시키지 않아도 일기에 급여를 주제로 글을 씁니다. 그런데 한 아이의 일기 속 문장이 눈에 들어옵니다.

'부모님이 왜 그렇게 월급날을 기다리는지 알겠다.'

—〈세금 내는 아이들〉 에피소드 중

교실에서의 직업이고 교실에서만 쓸 수 있는 '미소'라는 화폐지만 아이들이 느끼는 돈의 가치가 달라지는 순간이었습니다. 아이의 이 말은 개인적인 경험도 떠오르게 했습니다. 고등학교 시절에는 한 달에 한 번씩 받는 용돈 30만 원이 그리 큰돈이라 생각하지 않았습니다. 하지만 돈을 벌기 시작하자 누군가에게 용돈으로 30만 원을 준다는 것이 굉장히 부담스럽게 느껴졌습니다. 그냥 받은 돈 30만 원과 내가 번 돈 30만 원은 금액은 같지만 느껴지는 가치가 달랐던 거죠. 내가 돈을 벌어 보니 돈의 가치가 새롭게 매겨졌습니다.

여기서 알 수 있는 돈 공부의 첫 단계는 아이가 직접 돈을 벌어 보게 하는 것(근로소득을 얻어 보는 것), 이로 인해 돈의 가치를 제대로 알게 하는 겁니다. 이를 통해 소득의 개념을 알게 되는 것뿐만 아니라 소비에 대한 돈 공부에도 영향을 끼치게 됩니다. 같은 금액의 돈이라도 가치가 가볍게 느껴지는 돈은 가볍게 씁니다. 하지만 무거운 가치를 갖는 돈은 쓸 때 한 번 더 생각하게 합니다.

"설거지 한 번에 500원!" 이라고 하면 안 되는 이유

아이 스스로 돈을 버는 연습

아이가 직접 돈을 번다는 건 지금 당장 아르바이트를 하라는 게 아닙니다. 법적으로 만 15세 미만의 청소년은 아르바이트를 할 수 없습니다. 직접 돈을 번다는 건 아이가 생활하는 가정에서 일을 하고 돈을 버는 것이죠. 우선 아이에게 앞으로는 일을 한 대가로 정기적인 돈을 지급할 거라고 안내합니다. 아이 대부분은 이를 하나의 놀이처럼 느끼며 관심을 보일 것입니다. 정기적으로 돈을 받아본 적이 없는 아이일수록 이렇게 반응할 확률이 높습니다. 간혹 '그냥' 용돈을 받아 생활하던 아이는 이제 일을 하고 돈을 벌어야 한다는 사실에 거부감을 느끼며 반

발할 수 있습니다. 이때 필요한 것은 부모의 단호한 태도입니다. 지금 이 활동을 시작하는 이유는 앞으로 사회에 나가서 스스로 돈을 관리하는 능력을 기르기 위한, 즉 경제적으로 독립하기 위한 공부이자 연습이라는 것을 단호하게 말해야 합니다. 그리고 흔들림 없는 모습을 보여줍니다.

"누구도 그냥 돈을 받으며 살아가는 사람은 없어. 엄마, 아빠도 일을 하고 번 돈으로 너에게 필요한 돈을 마련해. 언젠가는 너 스스로 돈을 벌고 모든 돈을 관리해야 하는 때가 온단다. 그래서 그 연습을 지금부터 시작하는 거야."

아이에게 용돈을 줄 때 반드시 생각해야 하는 것

아이가 집에서 일하고 돈을 벌게 해야 한다고 하면 많은 사람이 아래와 같은 방법을 떠올립니다.

설거지	쓰레기 버리기	빨래 개기	방 청소
1회 500원	1회 500원	1회 300원	1회 1,000원

가정일에 하나하나 금액을 정하고 일을 한 횟수에 따라 아

이에게 돈을 지급하는 방법입니다. 스스로 돈을 벌도록 한다는 점에서 그냥 받는 용돈보다는 좋은 방법입니다. 하지만 이 방법을 사용할 때 생각해야 할 점이 있습니다. 바로 코브라 효과가 발생할 수 있다는 거죠.

"이거 하면 얼마예요?"

가정일마다 금액을 정해 두는 방법은 아이가 집에서 하는 모든 일들을 돈으로 바라보게 할 위험성을 안고 있습니다. 자칫 잘못하면 아이에게 가정일이란 돈을 받기 때문에 하는 일이 되는 거죠. 하지만 이보다 더한 최악의 상황이 남아 있습니다.

"돈 안 받고 안 할래요."

아이가 이 말을 하는 순간 부모는 더 이상 아이를 설득할 수 없습니다. 그동안 '돈을 줄 테니 가정일을 해라'라는 논리였기 때문이죠. 이러한 부작용이 생길 수 있으므로 가정일을 한 횟수에 따라 돈을 주는 방법은 조심스럽게 접근해야 합니다. 아이가 독립했을 때 또는 결혼했을 때 자기 집의 가정일을 돈을 받기 때문에 하지는 않을 겁니다. 대부분의 가정일은 돈을 받기 때문에 하는 일이 아니라 가족 구성원으로서 당연히 해야 하는 일로 남겨 두어야 합니다.

우리 집 직업 만들기

나는 월급 받는 어린이

부모가 알아야 할 경제 개념 체크

자신의 노동력을 제공하고 얻은 임금으로 생활을 유지하는 사람을 '근로자' 또는 '노동자'라고 합니다. 그리고 근로자를 고용하는 사람이나 회사를 '사용자'라고 하죠. 그런데 사용자가 노동자에게 지나치게 낮은 임금을 주는 경우가 있습니다. 국가에서는 노동자의 생활을 보호하기 위해 법으로 임금의 최저액을 정하고 있습니다. 우리나라의 최저임금은 2024년 기준 시급(1시간을 기준으로 할 때의 임금) 9,860원입니다. 즉, 1시간 일을 한 대가로 적어도 9,860원을 주어야 한다는 거죠.

아이가 돈을 벌게 할 때 가정일을 한 횟수에 따라 돈을 주는 것은 조심해야 합니다. 대신 아이의 직업을 함께 정하는 방법을 추천합니다. 횟수에 따라 돈을 주는 것이 아닌 정해진 기간 동안, 정해진 일을 한 대가로서 급여(근로소득)를 받을 수 있게 하는 것이죠.

집에서 만들 수 있는 직업의 예를 소개합니다. 직업은 우리 집의 상황, 우리 아이의 흥미와 적성 등을 고려하여 다양하게 만들 수 있습니다. 직업은 관련된 여러 일을 종합적으로 책임지도록 설정하면 더욱 좋습니다. 직업명을 실제 직업처럼 만든다면 아이의 책임감을 더 높일 수 있습니다. 교실에서도 기존의 1인 1역이라는 활동을 직업 활동으로 바꾸었을 뿐인데 아이들이 활동을 대하는 태도가 달라졌습니다.

직업명	하는 일
바리스타	- 아침마다 커피 머신으로 부모님에게 커피 한 잔씩 내려 주기 - 커피 캡슐이 다 떨어지면 사서 채우기 - 3일에 한 번씩 커피 머신 깨끗하게 씻기 - 나들이 갈 때 보온병에 커피 담아 챙기기
DJ	- 독서 시간에 클래식 음악 재생하기 - 차를 타고 이동할 때 신청곡을 받아 노래 틀어 주기

집에서 할 수 있는 우리 아이 직업 예시

어떤 직업을 고를까?

우리 반 교실에서 아이들은 각자 다양한 직업을 갖고 일을 하며 급여를 받고 생활합니다. 그런데 어느 날 친구들의 손 소독과 체온 측정을 책임지던 방역 요원 A에게 안 좋은 소식 하나가 전해졌습니다.

'교실마다 자동 손 소독기와 체온 측정기를 설치하겠습니다.'

정확히 A가 하던 일을 대체하는 기계가 교실에 등장해 버렸죠. 방역 요원 A는 순식간에 실직자가 되었습니다. 생각지 못한 일이었기에 A는 상심에 빠졌고, 자신을 실직시킨 기계를 '나쁜 기계'라고 표현했습니다. 그런데 상심에 빠졌던 A는 다음날 미소를 되찾았습니다. 나를 실직시킨 '나쁜 기계'를 관리하는 엔지니어란 직업을 만들어서 곧바로 재취업에 성공했거든요.

— 〈세금 내는 아이들〉 에피소드 중

직업이라는 것은 좁은 의미에서 진로와도 연관이 있습니다. 챗GPT 등 인공 지능이 빠르게 발달하며, 앞으로 사라질 것으로 예상되는 직업들이 많습니다. 2024 시즌부터 한국 프로야구의 스트라이크 볼 판정은 AI가 하게 됩니다. 이처럼 빠르게 변화하는 사회에서 살아가게 될 우리 아이들에게 길러 주어야 할 것은 부모가 정해 준 직업을 그대로 따르기보다 내가 어떤 일에 관심이 있는지 깨닫고, 어떤 일을 잘할 수 있는지 이해하는 것입니다. 그러므로 집에서의 직업도 부모가 일방적으로 정해 주는 것보다 아이가 스스로 선택할 여지를 주는 것이 좋습니다. 여기에 직접 직업을 만들어 보면 더 좋습니다. 아이는 자신의 적성과 흥미를 생각해 부모가 생각하지 못한 직업을 만들어 내기도 합니다.

직업명	하는 일

아이와 함께 우리 집 직업 만들어 보기

아이의 직업 활동에서 중요한 것은 부모의 태도입니다. 돈을 받기 때문에 당연히 하는 일이지만 그럼에도 부모는 아이에게 고맙다는 표현을 잊지 않아야 합니다. 돈을 받기 때문에 당연히 해야 한다는 생각은 아이(서비스를 제공하는 사람)가 해야지 부모(서비스를 받는 사람)가 하는 건 아닙니다. 부모의 모습은 아이가 다른 사람을 대하는 태도가 됩니다.

"OO이 덕에 아침마다 향기로운 커피를 마실 수 있네. 고마워요, 바리스타님."

칭찬과 격려도 함께 해주는 것이 좋습니다. 일의 결과보다는 과정에 집중해서 칭찬합니다. 잊지 않고 일을 챙기려고 하는 것에, 최선을 다해 노력하고 있음에 칭찬해 주어야 합니다.

직업을 선택하는 중요한 기준

연봉 5000만 원 vs 연봉 1억 원

아이들에게 두 가지 중 하나를 선택하도록 합니다. 당연히 모든 아이가 연봉 1억 원을 선택했습니다. 그리고 다시 한번 질문합니다.

하고 싶은 일을 하고 연봉 5000만 원 받기 vs 하기 싫은 일을 하고 연봉 1억 원 받기

이번에는 대부분이 연봉 5000만 원을 선택합니다.

— 〈세금 내는 아이들〉 에피소드 중

직업을 선택할 때 '돈'은 중요한 기준 중 하나입니다. 삶에 꼭 필요하므로 돈을 전혀 따지지 않기는 어렵습니다. 하지만 돈만큼 중요한 다른 가치들이 있기에 돈을 포함해 다양한 것들을 따져봐야 합니다. 사람마다 중요하게 여기는 가치가 다르므로 모두에게 좋은 직업이란 있을 수 없습니다. 그래서 직업을 선택할 때는 내가 중요하게 생각하는 가치와 기준이 무엇인지 잘 생각해 봐야 합니다. 아이들에게 직업을 선택할 때 고려해야 할 다양한 기준들을 가르쳐 주어야 하죠.

그런데 아이들을 만나 보면, 특히 낮은 학년의 아이들을 만날수록 느끼는 점이 있습니다.

"특별히 가르치지 않아도 되겠구나."

아이들은 이미 자신의 장래 희망을 고민할 때, 여유, 적성, 흥미, 안전, 사회 기여, 보람 등 다양한 조건들을 따져 선택하고 있습니다. '돈'의 순위는 여러 조건 중에서 낮은 편에 속하죠. 오히려 어른들이 아이들의 직업 선택에서 돈을 가장 중요하게 여기게끔 하는 것 같다는 생각이 듭니다. 아이들은 보고 배운 대로 생각하고 행동하기 때문이죠. 우리 아이가 직업을 고를 때 어떤 기준으로 선택하는 것이 좋을지, 그렇게 하려면 부모는 어떤 모습을 보여야 할지 생각해 보면 좋을 것 같습니다.

용돈은 언제 주는 게 좋을까?

"월요일은 용돈 받는 날!"

아이의 돈 공부를 위해 가장 추천하는 것은 아이가 직접 일을 하고 급여(근로소득) 형태로 돈을 받는 것이지만, 여의치 않으면 정기적인 용돈을 받는 것으로 대신할 수도 있습니다. 핵심은 정기적으로 받는 돈이 있어야 한다는 것입니다. 정기적으로 받는 돈의 필요성이 이해되었다면 자연스레 생기는 질문이 있습니다.

"아이에게 얼마마다 한 번씩 돈을 줘야 할까요?"

정기적으로 주는 돈의 간격은 최종적으로 한 달을 목표로 합니다. 하지만 한 달이라는 시간은 아이들에게 너무나 긴 기간입니다. 사실 어른들에게도 한 달은 긴 기간이라 항상 계획했던 것과 실제 돈 관리에 많은 차이가 납니다. 어른들도 월말이 되면 생활비가 부족해 허리띠를 졸라매기도 하죠. 그래서 아이들에게 처음부터 한 달마다 한 번씩 돈을 주고 관리하도록 하는 것은 어려운 일입니다.

우선, 1주일마다 돈을 받아 생활하는 것부터 시작하는 것을 추천합니다. 1주일 중 요일을 정해 매주 ○요일을 용돈 받는 날로 정합니다. 그리고 매주 정해진 요일이 되면 아이에게 정해진 금액만큼의 용돈을 지급합니다.

'월요일은 용돈 받는 날!'

기간을 조금씩 늘려 가기

정해진 요일에 받은 돈으로 아이는 1주일 생활을 해야 합니다. 처음에는 적응 기간이 필요할 수 있습니다. 하지만 시간이 지나면 1주일이라는 기간에 익숙해지고 내가 받은 돈을 어떻게 분배하여 사용해야 할지 감이 잡힙니다. 1주일이라는 기간에 적응되어 계획적으로 돈 관리를 잘 한다면 이제 기간을 늘려 갈 차례입니다. 2주마다 한 번씩으로 기간을 늘립니다. 물론 2주마다 돈을 주면 1주일마다 받던 돈의 2배를 지급해야 합니다. 2주

돈 관리가 잘 된다면 3주, 최종적으로 4주(한 달)를 목표로 기간을 점차 늘려 갑니다. 중요한 것은 우리 아이가 관리할 수 있는 기간을 파악하고 그에 맞추어 돈을 주는 기간을 결정해야 한다는 것입니다. 아이의 나이나 학년은 크게 상관없습니다.

아이가 떼를 쓴다면?

정기적인 돈을 주기로 했다면 한 가지 꼭 지켜야 하는 규칙이 있습니다. 바로 아이가 떼를 쓴다고 추가로 돈을 지급하지 않는 것입니다. 소비 성향이 강한 아이는 돈을 받자마자 가진 돈을 다 써 버리는 경우가 자주 생깁니다. 돈은 다 떨어졌지만, 아이의 소비 욕구는 아직 넘쳐납니다. 그럼 부모에게 돈을 달라거나 물건을 사 달라고 합니다. 부모가 안 된다고 하면 그 수위를 조금씩 높여 갑니다. 불쌍한 표정을 보이며 애원하는 아이도 있고, 짜증을 내는 아이도 있습니다. 내가 원하는 것을 얻기 위해 울음을 터뜨리는 아이도 있죠. 마트의 장난감 코너에 가면 어렵지 않게 이런 아이들을 볼 수 있습니다. 아이가 보지 못하게 재빨리 장난감 코너를 지나가려는 부모와 고도로 발달된 장난감 코너 레이더를 가진 아이가 매일 총성 없는 전쟁을 벌이죠. 이때 아이에게 무엇이든 해주고 싶은 마음에 혹은 아이의 칭얼댐을 이기지 못해 패배 선언을 하는 부모님들이 있습니다.

"이번만이다."

아이는 원하는 바를 이뤄 냈습니다. '이번만'이라는 말에 '네!'라고 크게 대답하지만, 승리를 거둔 아이에게는 이런 공식이 만들어집니다.

'떼쓰기 = 원하는 것을 얻는다.'

세상에 떼를 써서 돈을 얻는 사람은 아이 혹은 경제적으로 독립하지 못한 성인밖에 없습니다. 아이의 경제적 독립을 위해서는 이렇게 말해야 합니다.

"안 돼! 돈은 떼쓴다고 얻을 수 있는 게 아니야."

안 되는 건 안 된다는 것을 아이에게 알려 주어야 합니다. 세상 누구도 떼를 써서 돈을 버는 사람은 없고, 만약 가격이 비싸서 사지 못한다면 네가 받는 돈을 모아서 사야 한다고 말합니다. 부모는 감정을 빼고 이성적으로 반응하며 짜증이나 화로 받아치지 않아야 합니다.

이 원칙은 아이에게 정기적으로 돈을 받고 스스로 관리하는 습관을 만들어 주는 데 가장 중요하지만 가장 지키기 힘든 원칙이기도 합니다. 이미 떼를 써서 돈을 받아 낸 경험이 있는 아이라면 이 습관을 바로잡기까지 부모는 몇 배의 노력과 인내심이 필요할지도 모릅니다. 하지만 아이의 행동은 시간이 지날수록 바꾸기 더 힘들어진다는 사실을 생각해야 합니다. 부모로서 단호함을 장착하고 아이와 줄다리기에서 이겨야 합니다. 안타까운 마음에 혹은 다른 사람의 시선 때문에 아이의 요구를 들어주기 시작하면 아이는 돈 관리의 필요성을 느끼지 못합니다. 조금만 투덜대고 칭얼대며 바닥에 드러누워 우는 소리를 내어 원하는 돈, 원하는 물건을 얻을 수 있다면 누가 힘들게 일을 해서 돈을 벌고, 쓰고 싶은 마음을 참으며 돈 관리를 할까요?

용돈을 얼마나 주는 게 좋을까?

"6학년 아이 얼마 줘야 하나요?"

가끔 초등학생 자녀를 둔 학부모님들을 만나 강연을 합니다. 강연이 끝나고 질의응답 시간을 갖기도 하죠. 그 시간에 가장 많은 질문을 꼽으라면 단연 이 질문입니다.

"아이가 '6학년인데' 용돈을 얼마 주는 게 적당할까요?"

아이에게 정기적인 돈을 얼마나 줘야 하는지 많이 궁금해합니다. 그런데 '얼마를 줘야 하는가?'라는 질문 앞에 항상 조건이 있습니다. 바로 아이의 '나이'나 '학년'입니다. 아이의 나이나 학년에 적당한 용돈 액수에 대한 답을 명확히 듣고 싶은 것 같습니다. 그렇다면 12살 아이가 받아야 할 적당한 돈은 얼마일까요?

아이들이 받아야 하는 적당한 돈의 액수를 이야기하기 전에 질문 하나를 하고 싶습니다.

"35세 기혼 남성, 12년 차 직장인의 적정 한 달 용돈은 얼마인가요?"

이 질문에 얼마가 적정 금액이라고 생각하나요? 실제 강연에서 이 질문을 하면 20만 원부터 100만 원까지 다양한 금액이 대답으로 나옵니다. 이 질문 속의 35세 남성은 바로 접니다. 저와 아내는 번 돈을 공금으로 모으고 각자 용돈을 받아 생활하고 있습니다. 그리고 제 용돈 금액은 20만 원입니다. 사실 용돈 액수를 주변에 이야기하면 다들 놀랍니다. 물론 용돈이 너무 많아서 놀라는 반응은 아니죠.

"그거 가지고 생활이 돼?"

많은 사람이 20만 원이라는 금액을 30대의 용돈으로 적다고 생각하는 모양입니다. 하지만 사람들에게 조금의 설명을 덧붙이면 고개를 끄덕이기 시작합니다.

"주유비, 의복비, 취미 생활비, 식비 등 대부분 돈은 공금에서 처리하고 20만 원으로는 개인 약속이나 개인 활동 등 순전히 내 맘대로 쓰는 돈이야."

20만 원이라는 돈이 처음에는 적게 느껴졌지만, 그 돈으로 책임져야 하는 범위를 듣자 적당한 돈이 된 것입니다. 대부분의 소비는 공금에서 처리하고 좁은 영역인 개인적인 부분만 20만 원으로 해결한다면 많진 않겠지만 적지도 않은 거죠.

제 용돈 이야기는 아이에게 주는 돈에 연결 지을 수 있습니다. 아이에게 얼마를 줄지 정할 때 중요한 요소는 아이의 나이나 학년이 아니라는 거죠. 물론 20만 원이라는 용돈에 불만이 없는 또 다른 이유는 아내도 같은 액수의 용돈을 받아 생활하기 때문이기도 합니다.

아이와 함께 협상 테이블에 앉기

아이에게 정기적으로 주는 돈의 액수를 결정할 때 중요한 건 바로 이것입니다.

'아이가 책임지는 소비의 영역'

아이가 정기적으로 받는 돈으로 어느 정도의 영역까지 책임지는지는 학년이나 나이에 의해서 결정되지 않습니다. 물론 어느 정도의 영향은 있을 수 있겠지만 절대적이지는 않습니다. 책임져야 하는 소비의 영역이 많은 아이는 책임지는 소비의 영역이 적은 아이보다 더 많은 돈을 받아야 합니다. 그래서 12살 아이가 얼마를 받아야 적당한지에 정확한 금액을 콕 집어 말할 수는 없습니다. 아이의 소비 영역 설정에 대한 내용은 3장에서 자세히 알아보겠습니다.

소비의 영역을 기초로 하여 부모가 금액을 정해도 되지만, 아이와 함께 협상 테이블에 앉아 이야기를 나누며 금액을 정하는 방법도 있습니다.

집에서 원예사라는 직업을 갖게 된 아이가 1주일마다 급여를 받기로 했다고 생각해 봅시다. 아이가 기대하는 1주일 급여와 부모가 생각하는 1주일 급여는 아마 차이가 있을 겁니다. 이 차이를 대화를 통해 조율해 나가는 활동도 해 보길 추천합니다. 그러면서 부모와 아이가 자연스레 대화를 나눌 수도 있고, 아이는 의사소통 능력과 협상 능력을 기를 수도 있습니다. 서로 각자의 생각과 상황을 이야기하고 상대방을 설득하는 과정, 상대의 의견을 수용하고 받아들이는 과정, 대화와 타협을 통해 양쪽 모두 만족할 수 있는 금액을 결정하는 과정을 경험하도록 합니다.

"엄마, 아빠는 10,000원이 적당하다고 생각하는데 너는 얼마가 적당하다고 생각하니?"

우리 아이
첫 근로계약서 쓰기

근로계약서에 꼭 써야 할 내용

아이가 집에서 직업을 갖고 일을 한 대가로 급여를 받기로 했거나 주기적으로 용돈을 받기로 했다면 자세한 내용은 말로 정하기보다 종이에 적어 두는 것이 좋습니다. 말로만 약속하기보다 문서로 작성하면 아이가 직업에 대한 책임감을 가질 수 있고 활동을 조금 더 진지하게 느낍니다. 계약서 내용은 꼭 똑같을 필요는 없지만 아래와 같은 내용이 들어가면 좋습니다.

- 어떤 직업을 갖게 되는지
- 하는 일은 무엇인지

- 언제부터 언제까지 하는 일인지
- 급여는 언제, 얼마를 받는지
- 만약 일을 제대로 하지 않았을 때는 어떻게 할 것인지
- 사용자(부모)와 근로자(자녀)의 서명 또는 날인

근로계약서

엄마/아빠 ○○○와/과 아들/딸 ○○○은/는 다음과 같이 계약을 맺는다.

1. ○○○은/는 우리 집 바리스타 직업을 갖는다.
2. 바리스타 직업은 3월 1일부터 5월 31일까지 한다.
3. 바리스타는 매주 월요일마다 주급을 받는다.
4. 주급은 금15,000원(금일만오천원)으로 한다.
5. 주급에서 세금 등은 제외한 금액을 받는다.
6. 바리스타가 하는 일은 다음과 같다.
   - 아침마다 커피 머신으로 부모님에게 커피 한 잔씩 내려 주기
   - 커피 캡슐이 다 떨어지면 사서 채우기
   - 3일에 한 번씩 커피 머신 깨끗하게 씻기
   - 나들이 갈 때 보온병에 커피 담아 챙기기
   - 그 외 집에 마실 것과 관련된 일
7. 바리스타로서 일을 제대로 하지 않았을 때는 바리스타 직업을 가질 수 없다.

2024년 3월 1일 금요일

사용자: 엄마/아빠 ○○○ (인)

근로자: ○○○ (인)

바리스타 근로계약서 예시

직접 만든 도장과 서명으로 사인하기

부모가 알아야 할 경제 개념 체크

계약서를 쓸 때 내용을 읽었고 동의한다는 표현을 하는 방법에는 서명과 날인이 있습니다. 서명은 펜을 사용해 자신의 이름을 적거나 사인을 하는 것이고, 날인은 자신의 도장을 찍는 것입니다.

아이에게 직업을 갖고 급여를 받는 것은 하나의 놀이처럼 느껴집니다. 놀이이기 때문에 흥미를 갖고 참여하죠. 그런데 신기하게도 아이들은 어른들의 모습을 닮고 싶어 하는 특징도 보입니다. 그래서 계약서를 쓸 때 사뭇 진지한 표정으로 작성하죠. 계약서를 쓴다는 것 자체만으로도 아이는 다른 친구들이 해보지 못한 특별한 경험을 하게 됩니다. 그리고 자신의 서명이나 도장이 있다면 또 마음가짐이 달라집니다.

집에서의 계약서 작성이 아니더라도 학교에서 받아오는 가정 통신문에 서명해야 하는 경우도 자주 있습니다. 앞으로 계속해서 사용할 수 있으니, 아이와 함께 서명을 만들어 보는 시간을 가져 봅니다. 또는 아이의 이름으로 도장을 만드는 것도 추천합니다. 인주를 찍는 방식은 번거로우므로 자동 도장(잉크가 들어 있어 인주를 따로 찍을 필요가 없는 도장)을 인터넷 등으로 주문하는 것이 편리합니다. 아이와 함께 도장 디자인을 선택해도 좋습니다. 도장은 부모가 아이의 우리 집 직업 취업 기념으로 선물하거나, 아이가 자신의 돈으로 직접 지불해 여러 도장의 가격과 성능, 디자인을 비교하며 삽니다. 물론 잃어버린다면 자기 돈으로 새로 구매하도록 합니다.

계약서를 보지 않으면 생기는 일

아이들은 교실에서 한 달에 한 번씩 직업을 새로 정하고 있습니다. 그리고 직업이 정해지면 모두 '근로계약서'를 작성합니다. 처음에는 계약서 쓰는 것을 낯설고 어려워하지만 몇 번 '근로계약서'를 쓰고 나면 계약서가 무엇인지, 어떻게 쓰는지 이해합니다. 그런데 계약서 쓰기에 익숙해지면 계약서의 내용을 제대로 읽지 않고 사인하는 아이들이 생깁니다. 이때 아이들 몰래 불리한 항목을 넣어 둡니다. '선생님이 월급을 주기 싫으면 주지 않아도 된다.' 몇몇 아이들은 이런 내용이 있는지도 모르고 계약서에 사인을 합니다. 몇 번 해 봤으니 제대로 확인하지 않는 것이죠. 이렇게 사인을 해 버린 아이들에게는 다음번 월급을 주지 않습니다. 아이들은 왜 월급을 주지 않느냐고 따지죠. 그럼 말없이 사인이 되어 있는 계약서를 보여줍니다.

"이것 봐. 월급을 주지 않아도 된다고 네가 사인하지 않았니?"

—〈세금 내는 아이들〉 에피소드 중

위의 에피소드를 보고 초등학생 아이들에게 너무한 것 아닌가 생각할 수도 있습니다. 하지만 개인적으로는 계약서를 제대로 보지 않아 생기는 불이익을 실전에서 경험하는 것보다는 사회에 나가기 전, 부모와 함께하는 동안 예방접종을 하듯이 경험하는 것이 좋다고 생각합니다. 서명이나 날인을 하는 순간은 짧지만, 그 책임감은 아주 무겁다는 것도 가르쳐 주어야 합니다. 성인이 되어 작성하는 계약서는 대부분 돈과 관련이 있습니다. 근로계약서, 임대계약서, 금융 상품 가입 계약서 등이죠.

만약 집에서도 아이들이 계약서를 제대로 읽지 않고 대충 서명이나 사인을 한다면 자신의 서명에 책임지도록 합니다. 계약서를 꼼꼼히 읽고 서명하라는 말 백 마디보다 더 효과적이라는 것을 느끼게 되실 겁니다. 실제로 교실에서도 서명 실수를 한 아이들은 계약서를 꼼꼼히 읽는 습관이 저절로 생겼습니다.

서명이란 책임을 지겠다는 약속임을 아이들이 미리 배우고, 실제 삶에서는 함부로 서명이나 날인을 하지 않도록 주의하는 연습이 필요하지 않을까요?

계약서 쓸 때 고려해야 할 것들

계약서는 한 장만 써도 될까?

계약서의 내용을 정리하고 사인도 마쳤다면 계약서 작성이 끝납니다. 그런데 문제가 하나 생깁니다. 이 계약서 한 장을 누가 가져갈 것인가입니다. 아이는 부모에게 계약서를 보관해 달라고 하거나 스스로 보관하겠다고 할 겁니다.

"그런데 계약서를 갖고 있던 사람이 마음대로 내용을 바꿔 버리면 어떡하지? 계약서를 갖지 않은 사람이 내용을 다 기억하지 못할 수도 있으니까 말이야."

아이가 스스로 해결 방법을 생각하도록 충분히 시간을 줍니다. 아이가 자신의 생각을 말한 뒤 실제로 계약서를 쓸 때는 어떻게 하는지 설명합니다. 실제 계약서를 작성할 때는 계약서를 쓴 뒤에 조작하는 것을 막기 위해 같은 내용의 계약서를 두 장 작성하고, 각자 한 장씩 보관합니다. 부모 보관용 계약서 한 장, 아이 보관용 계약서 한 장을 쓰고 함께 작성한 계약서라는 것을 확인할 수 있도록 간인이나 계인(함께 묶인 서류의 종잇장 사이에 걸쳐서 도장찍는 것)도 찍어 봅니다. 실제로 교실에서 아이들도 모두 계약서 두 장을 쓰고 계인을 찍어 한 장씩 보관합니다. 여유가 된다면 게시용 계약서 한 장을 더 쓰는 것도 좋습니다. 물론, 계약서를 여러 장 쓰는 방법과 더불어 아이의 의견을 적극적으로 반영해도 좋습니다.

계약서에는 숫자만 적지 않는다

계약서에는 숫자만 적지 않습니다. 숫자를 한글로 읽은 것을 항상 함께 적습니다. 숫자는 조작이 쉽기 때문에 이것을 막는 방법입니다. 아이에게 간단하게 설명해 주고 계약서의 숫자는 한글로 적어야 한다고 말합니다. 띄어쓰기는 없이 적고 '금'이나 '₩'과 같은 글자를 숫자 앞에 적어 글씨를 더 써 넣는 것을 막아야 한다는 것도 알려 줍니다.

명절 용돈의 비극

계획적인 돈 관리를 방해하는 명절 용돈

규칙적으로 돈을 받는 것은 경제 교육에서 필수입니다. 그런데 방해가 되는 요소가 있으니, 바로 비정기적으로 받게 되는 용돈입니다. 보통 부모의 지인이나 친척에게서 받는 가장 대표적인 것이 '명절 용돈'입니다. 액수도 적지 않다 보니 한 번에 들어온 돈을 아이가 잘 관리할 수 있을까 걱정이 됩니다.

이 명절 용돈에는 한 가지 비극이 있습니다. 아이와 부모 모두 이 돈을 '내 돈'으로 생각한다는 것이죠. 아이들은 당연히 내 돈이라고 생각합니다. 친척들이 '나'에게 준 돈이니까요. 내가 받은 돈이니 내 돈입니다. 그런데 부모는 왜 내 돈으로 생각할까요? 아마도 본전 생각이 있을 겁니다. 내가 친척 아이들에게 준 돈이 있으니 우리 아이가 받은 돈으로 메꾸고 싶은 마음이 드는 거죠. 또는, 아이가 돈 관리를 제대로 하지 못할 것이라는 불안감 때문일 수도 있습니다. 그런데 부모도 명절 용돈이 아이의 돈이라는 사실을 잘 알고 있습니다. 그래서 이런 말을 하죠.

"엄마가 맡아 뒀다가 커서 돌려줄게."

아마 한 번쯤 들어 봤거나 아이에게 해 본 말일 겁니다. 저 같은 경우 '엄마가 맡아 뒀다 대학 갈 때 보태 줄게'와 같이 변형된 표현으로 들었습니다. 하지만 안타깝게도 저를 포함해서 대한민국의 많은 어린이들이 성인이 된 후에도 이 돈을 돌려받지 못했습니다.

그렇다면 명절 용돈의 진짜 주인은 누구일까요? 부모가 이미 알고 있는 것처럼 아이가 받은 명절 용돈은 원칙적으로 아이의 것입니다.

"명절 용돈 어떻게 쓸 거야?"

명절 용돈은 아이의 것이니 아이에게 맡겨야 하지만 불안한 마음은 어쩔 수 없습니다. 아이가 이 돈을 홀라당 다 써 버리진 않을지 걱정이기 때문이죠. 이 불안이 현실이 되진 않을지 확인하는 질문이 하나 있습니다.

"명절 용돈 어떻게 쓸 거야?"

이 질문을 받은 아이의 반응은 소비를 위해 돈을 쓰는 아이와 소득을 위해 돈을 쓰는 아이로 나뉩니다. 소비를 위해 돈을 쓰는 아이는 이렇게 대답하죠.

"장난감을 살 거예요."

"친구들이랑 놀이공원에 갈 거예요."

"갖고 싶었던 게임기를 살래요."

반면, 소득을 위해 돈을 쓰는 아이는 이렇게 말합니다.

"저축해서 이자를 받을래요."

"주식 투자해서 수익을 얻을래요."

돈 공부를 제대로 한 사람들의 반응은 후자입니다. 하지만 소비를 위해 돈을 쓰겠다는 아이를 나무랄 필요는 없습니다. 아이는 돈이 소득을 위해 쓰일 수 있다는 걸 모르는 것뿐입니다. 결국 소득을 위해 돈을 쓸 수 있다는 것을 알려 주는 돈 공부가 필요합니다.

그런데 용돈을 많이 받았다면?

명절 용돈은 아이의 합법적인 소득이기 때문에 부모의 돈으로 만드는 것은 좋은 방법이 아닙니다. 대신 아이가 명절에 받는 용돈의 액수에 따라 아이가 책임지는 소비의 영역을 더 넓히는 방법을 사용해야 합니다. 명절 용돈을 '보너스' 개념이 아니라 나의 예산에 포함되어 관리해야 하는 돈으로 만든다면, 아이가 돈을 다 써 버릴까 걱정하며 감언이설로 아이를 꼬드겨 돈을 갈취할 필요가 없습니다. 아이가 명절 용돈에 자율성을 갖고 사용할 수 있게 하되 책임감을 함께 주면 됩니다. '명절 용돈'을 단순히 쓰고 싶은 곳에 다 써 버려도 상관없는 돈이 아니라 내 생활을 위해 계획적으로 관리해야 하는 돈으로 만드는 것입니다.

명절 용돈을 부모의 관리하에 두는 세 가지 방법

① 친척들에게 도움 구하기

미리 친척이나 가족에게 아이의 경제 교육을 알리고, 경제 교육의 일관성을 위해 용돈을 주지 않거나 적당한 선에서 주면 좋겠다고 말하는 방법입니다. 가장 이상적인 방법이지만 현실적으로는 어려움이 많습니다. 친척들이 모두 한마음으로 움직이기도 어려울뿐더러 자칫 친척들에게 용돈을 달라는 압박처럼 전달될 수 있기 때문이죠. 또 친척을 한두 명만 보는 것도 아니기에 모든 친척에게 설명한다는 것은 매우 어려운 일입니다.

② 세금 부과하기

강제성을 부과하는 방법입니다. 세금은 소득이나 재산에 대해 국가가 국민에게서 '강제'로 걷는 돈입니다. 이것을 가정의 세금으로 적용한다면 소득이나 재산에 대해 가정이 가족 구성원에게서 '강제'로 걷는 돈이 되겠죠. 아이의 소득에 따른 세율을 정해 두고 그에 따라 세금을 걷습니다. 실제로 불로소득의 경우 높은 세율을 적용받는 것처럼 아이가 명절에 받은 용돈은 근로소득에 매기는 세금보다 높은 세율(50% 이상)을 정해 두면 됩니다. 만약 받은 돈을 곧바로 저축한다면 세금을 내지 않아도 된다(비과세 혜택: 세금을 내지 않아도 되는 혜택)는 추가 규칙을 정한다면 저축을 하도록 유도할 수도 있습니다. 아이도 조금만 생각해 본다면 어떤 것이 나에게 이익이 되는지 금방 알아차립니다.

하지만 여기서 명심할 것은 세금으로 걷은 돈이 부모님의 주머니로 들어가서는 안 된다는 것입니다. 반드시 걷어진 세금이 얼마이고 어디에 쓰이는지 아이가 확인할 수 있도록 하고, 가족을 위한 곳에 쓰이도록 해야 합니다(7장 참고). 그리고 만기 전에 해지하면 비과세 혜택을 받지 못하고 내지 않았던 세금을 내야 한다는 것도 말해 줍니다.

명절 용돈 50만 원을 받았다	**선택 1)** 50만 원 전부 사용하겠다	명절 용돈세 세율 50% 적용	세금 납부 25만 원 자유 사용 25만 원
	선택 2) 50만 원 전부 저축하겠다	비과세 적용 세율 0%	세금 0원 저축 50만 원
	선택 3) 30만 원은 저축하고, 20만 원은 쓰겠다	30만 원 비과세 20만 원 세율 50% 적용	저축 30만 원 세금 납부 10만 원 자유 사용 10만 원

명절 용돈에 대한 세금 부과 예시

③ 부모님 채권 발행하기

✓ 부모가 알아야 할 경제 개념 체크

채권이란 필요한 돈을 마련하기 위해 국가, 지방자치단체, 은행, 회사 등에서 발행하는 유가 증권입니다. 채권은 받게 되는 이자와 빌린 돈을 돌려줘야 하는 상환 기간이 정해져 있습니다. 한 국가가 망하는 경우는 잘 생기지 않기 때문에 나라에서 발행한 채권인 국채는 안정적인 투자처로 인식됩니다. 채권은 사람들 간에 사고팔 수도 있습니다.

기본적으로 명절 용돈은 아이의 돈입니다. 세금으로 걷으면 우리 가족의 돈이 되지만 아이의 돈을 부모가 합법적으로 가져와서 마음대로 사용할 수 있는 한 가지 방법이 또 있습니다. 아이에게 돈을 빌리는 거죠. 이때 대출 형태로 돈을 빌리는 것보다는 채권 형태로 돈을 빌리는 방법을 사용할 수 있습니다. '네가 크면 돌려줄게'를 실제로 이행하는 겁니다. 또, 채권이라는 다소 어려운 내용을 활동으로 이해할 수 있죠.

채권은 필요한 돈을 위해 발행하는 것으로 나라에서 발행한 채권을 국채, 회사에서 발행한 채권을 회사채라고 부릅니다. 부모가 아이의 돈을 빌리고 그 증거로 채권을 아이에게 주는 것이죠. 부모가 필요한 돈을 위해 발행했으므로 '부모님 명절 채권' 등의 이름을 붙일 수 있습니다. 채권의 만기는 1년, 5년,

부모님 명절 채권

발행일: 2024년 1월 23일
만기일(돌려받는 날): 2034년 1월 23일(10년)
금액: 금300,000원(금삼십만원)

이 채권을 아래 조건으로 발행합니다.

이율: 연 5%
만기일에 받게 되는 돈: 금450,000원(금사십오만원)

채권을 산 사람: ○○○ (인)
채권을 발행한 사람: ○○○ (인)

부모님 명절 채권 예시

10년, 20년 등 다양하게 정할 수 있으며 채권은 종이로 만들어 계약서처럼 작성하면 됩니다.

부모 입장에서 채권의 장점은 중도 해지가 되지 않는다는 것입니다. 중도 해지가 되지 않으므로 정해진 날짜까지는 부모님이 자유롭게 사용해도 됩니다. 단, 정해진 날짜(상환일 또는 만기일)가 되면 채권에 적힌 정확한 금액을 아이에게 다시 돌려주어야 합니다. 이를 위해 아이가 채권을 소중하게 잘 관리할 수 있도록 합니다.

채권 만기일을 아이가 성인이 된 이후로 설정해 둔다면 아이가 사회에 발을 내딛는 시기에 종잣돈으로 사용할 수 있습니다. 명절 용돈의 일정 비율은 무조건 채권으로 발행해야 한다고 정해두는 것도 한 방법입니다.

3장

소비:
버는 것보다
중요한
돈 잘 쓰는 법

힘들게 번 돈, 어떻게 잘 쓸까?

소비는 나쁘다?

부모가 알아야 할 경제 개념 체크

소비에 대해 자녀와 이야기를 나눌 때 다음 두 가지를 알려 주는 것이 좋습니다. 희소성과 기회비용입니다.

희소성이란 인간의 물질적인 욕구에 비해 욕구를 충족할 수 있는 돈, 재화, 서비스 등이 제한되어 있거나 부족한 상태를 의미합니다. 희소성은 절대적인 개념이 아닙니다. 똑같은 얼음물이라도 사막에서는 희소성이 매우 높지만, 추운 남극에서는 희소성이 높지 않습니다. 희소성이 높아지면 가격이 높아집니다. 반면 희소성이 낮아지면 가격이 낮아집니다.

우리가 가지고 있는 돈도 희소성이 있으므로 우리는 소비할 때 기회비용을 고려하여 선택해야 합니다.
기회비용이란 무언가를 선택해야 하는 상황에서 발생합니다. 여러 선택지 중에서 하나를 선택하였을 때 포기한 것 중 가장 큰 가치를 지니는 것을 의미합니다. 1,000원으로 과자를 사 먹으러 간 아이가 만족감 10을 주는 초콜릿 과자, 만족감 8을 주는 감자 과자, 만족감 7을 주는 새우 과자 중에서 초콜릿 과자를 선택했다면 기회비용은 감자 과자를 샀을 때 얻었을 만족감 8이 됩니다. 만약, 감자 과자를 샀다면 기회비용은 초콜릿 과자를 사서 얻을 수 있었던 만족감 10이 됩니다. 가장 적은 기회비용이 생기는 선택을 하는 것이 합리적인 선택입니다.

경제 공부의 첫걸음은 보통 소비로 하는 경우가 많습니다. 물건을 사는 경험, 받은 용돈을 계획 세워 소비하는 경험, 소비를 반성하는 경험 등입니다. 소비가 경제 교육과 경제 공부, 돈 관리에서 중요한 비중을 차지하니 부모님도 아이의 소비에 대한 이야기를 많이 합니다. 그런데 소비에 대한 부모님의 말은 대부분 이런 말들입니다. '돈 좀 아껴 써라.' '쓸데없는 것 사지 마라.'

이런 말들은 '쓰는 돈'을 줄여 '내가 가진 돈'이 늘어나도록 하기 위한 마음이 담긴 말들입니다. 하지만 소비에 대한 부모님의 표현이 대부분 소비를 부정적인 것으로 받아들이게끔 한다는 생각이 듭니다. 사실 소비 자체가 모두 '나쁜 행위'는 아닙니다. 소비는 개인의 관점에서는 만족감과 행복감을 얻고, 사회 전체의 관점에서는 경기를 활성화하는 역할을 합니다. 그리고 돈 자체의 존재 목적도 '쓰기 위한 것'입니다. 그래서 소비 자체를 부정적으로 인식시키기보다는 소비의 종류를 구체적으로 구분하여 아이에게 알려 주는 것이 좋습니다.

'지금 쓰는 돈'과 '나중에 쓰는 돈'

보통 사람들은 쓰는 돈과 쓰지 않는 돈으로 소비를 나눌 수 있다고 생각합니다. 하지만 소비의 종류를 더 정확히 표현하자면 '지금 쓰는 돈'과 '나중에 쓰는 돈'이라고 할 수 있습니다. 사실 쓰지 않는 돈은 없습니다. 어떻게 쓰는지 그 방법이 다르고(소득을 위한 돈 쓰기와 소비를 위한 돈 쓰기), 언제 쓰는지 그 시기가 다를 뿐이죠.

아이들이 돈 관리를 하지 않는 이유는 모든 소비가 현재의 소비 그리고 소비를 위한 소비에 초점이 맞추어져 있기 때문입니다. 그리고 지금 돈을 다 써 버리더라도 큰일이 생기지 않습니다. 나중에 쓸 돈이 필요하지 않으니 돈을 구태여 모으고 관리할 필요가 없습니다. 아이가 지금 쓰는 돈을 줄이고 관리하도록 하려면 나중에 쓸 돈이 필요하게 만들어야 합니다.

나중에 쓸 돈이 필요하게 만들려면 아이에게 하고 싶은 일이 무엇인지 물어보아야 합니다. 아이마다 하고 싶은 일이 다르겠지만 이런 예시를 한 번 들어보겠습니다.

"에버랜드에 놀러 가고 싶어요!"

이 말의 의미를 풀어 보면 이런 뜻이 담겨 있습니다.

"엄마 아빠, 에버랜드에 놀러 가고 싶어요. 아 참, 돈은 당연히 엄마 아빠가 내셔야 하는 거 알죠?"

아이의 말에 대부분 부모는 '다음번에 가자'라고 얼렁뚱땅 넘기거나 '저번에 갔다 왔잖아'라고 대답할 겁니다. 부모의 말은 사실 이런 의미죠.

"에버랜드에 가면 돈이 많이 들어. 주말에 시간도 써야 해서 피곤하기도 하고 말이야."

이제는 이렇게 말해 보는 게 어떨까요?

"그럼, 우리 에버랜드에 갈 돈을 모아 보자. 다 모으면 그때 다 같이 에버랜드에 가는 거야!"

여기서 중요한 건 아이에게 에버랜드에 가는 데 필요한 돈을 스스로 모으도록 할 때 그 금액이 얼마인지 구체적으로 알려 주는 것입니다. 막연히 '비싸다'라고만 표현한다면 아이는 얼마만큼의 돈이 필요한지 알지 못합니다. 내가 가고 싶은 곳,

하고 싶은 일에 얼마만큼의 돈이 드는지 아이가 정확히 확인할 수 있도록 합니다. 에버랜드 입장료, 음식값, 교통비 등이 포함될 겁니다. 부모님이 직접 말하거나, 아이가 인터넷으로 직접 찾아 보도록 해도 좋습니다.

이렇게 앞의 예시처럼 말한다면 아이에게 현재의 소비를 아껴서 미래의 소비를 위한 돈을 마련해야 하는 목표가 생기지 않을까요? 아이가 에버랜드에 갈 돈을 모으는 데 시간도 필요할 테고, 에버랜드에 가는 데 내 돈이 든다면 가고 싶은 마음을 다시 한번 생각할 겁니다. 이번 '소비' 장에서는 이 이야기를 해 보려고 합니다.

나쁜 소비는 이제 그만

앞서 말한 것처럼 소비 자체가 나쁜 것은 아닙니다. 소비 중 나쁜 소비에 해당하는 소비가 있을 뿐이죠. 그래서 교과서에서도 소비 자체를 하지 말라고 하지는 않습니다. 대신 '합리적인' 소비를 해야 한다고 합니다. 가계가 합리적인 소비를 하려면 개인의 만족감을 높이는 선택을 하고 이때 가격, 디자인, 품질 등의 요소를 따지도록 하고 있죠. 하지만 개인마다 만족감의 기준이 다르기에 소비에 있어 정답을 말해 주기는 어렵습니다. 어떤 사람에게는 가장 비싼 물건을 사는 것이 만족도가 높은 선택일 수 있기 때문이죠.

그래서 저는 비합리적인 소비에 대해 알려 주는 방법을 추천합니다. 내가 하는 소비가 비합리적 소비에 해당하지는 않는지 따져 보고 물건을 구매하는 것이죠. 아이들에게는 '나쁜 소비'라는 표현을 쓰는 것이 더 이해하기 쉽기 때문에 지금부터는 나쁜 소비라고 하겠습니다. 나쁜 소비에 포함되는 소비는 다음과 같은 것들입니다.

'과소비, 사치, 충동 소비, 과시 소비, 모방 소비'

'과소비'는 돈을 지나치게 많이 써서 없애는 일을 뜻합니다. 한 달에 300만 원을 버는 사람이 한 달에 310만 원을 쓰고 있다면 과소비하는 겁니다. '사치'는 필요 이상의 돈을 쓰거나 분수에 지나친 생활을 하는 것을 뜻합니다. 한 달에 300만 원을 버는 사람이 1억이 넘는 외제 차를 할부로 구매해 타고 다닌다면 사치라고 할 수 있죠. '충동 소비'는 합리적인 의사 결정이 아닌 순간적으로 든 소비 욕구를 참지 못하고 물건을 사는 것을 의미합니다. 사려는 계획이 없었는데 디자인이 예쁜 물건을 보고 순간적으로 구매했다면 충동 소비입니다. '과시 소비'는 필요로 물건을 사기보다는 남에게 자랑하고 싶은 마음에 필요 없는 물건을 구매하거나 필요 이상으로 비싼 물건을 구매하는 것입니다. 인스타그램에 올리기 위한 목적으로 비싼 식당에 갔다면 과시 소비라고 볼 수 있습니다. 마지막으로 '모방 소비'는 주변 사람이나 연예인 등을 따라 물건을 사는 것이죠. 친구가 새 신발을 샀다고 나도 그 신발을 산다면 모방 소비라고 할 수 있습니다. 아이에게 이 다섯 가지 나쁜 소비에 대해 설명하고, 앞으로 스스로 소비 습관을 돌아볼 때 '나쁜 소비'에 해당하는 것은 없었는지 점검하는 습관을 들이도록 합니다.

우리 아이의 소비 성향은 어떨까?

아이들의 성격이 천차만별이듯 소비 성향도 각양각색입니다. 소비를 너무 많이 해서 탈인 아이, 시키지 않아도 합리적으로 소비하는 아이, 소비를 전혀 하지 않는 아이 등 아이마다 소비 성향이 다양합니다. 그래서 교육만으로 모든 아이를 똑같은 수준에 올려놓지 못할 수도 있습니다. 하지만 아이에게 변화는 만들어 줄 수 있죠. 우리 아이의 타고난 소비 성향 안에서 가능한 성장이 이루어지도록 한다는 생각을 갖고 돈 교육을 해야 합니다. 비교해야 할 것은 다른 아이가 아닌 우리 아이의 과거 모습과 성장한 현재 모습입니다.

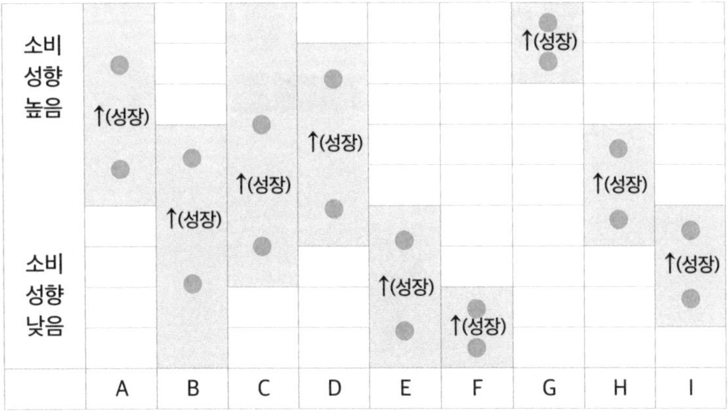

소비 성향 높음

소비 성향 낮음

↑(성장) ↑(성장) ↑(성장) ↑(성장) ↑(성장) ↑(성장) ↑(성장) ↑(성장) ↑(성장)

A B C D E F G H I

다양한 소비 성향을 나타내는 아이들

돈의 액수보다 중요한
'소비 영역' 제대로 알기

"엄마가 다 내 주는데요?"

부모님과 아이가 함께 참여하는 자리에서 '자녀의 경제 교육'을 주제로 강연할 기회가 있었습니다. 한 부모님이 고민이 있다며 질문을 했습니다.

"우리 아이는 돈을 너무 안 써요. 항상 모으기만 해서 돈을 좀 쓰라고 할 정도예요. 늘 돈을 쓰지 않고 집에 가만히 모아 두기만 해요."

소비 성향이 강해서 돈을 펑펑 쓰는 것보다는 나은 고민입니다. 하지만 개인의 행복, 경제 활성화 측면, 경제 공부의 측면에서 소비를 아예 하지 않는 것 역시 바람직하지 않습니다. 마침 아이도 함께 있어서 아이에게 질문을 해 보았습니다.

"친구들하고 과자를 먹거나 놀러 갈 때도 돈을 하나도 쓰지 않니?"

그러자 돌아온 아이의 대답이 기억에 남습니다.

"아니요. 그 돈은 엄마가 주시는데요?"

그 아이는 사실 자기 용돈을 쓸 필요가 없는 상황이었던 겁니다. 나에게 필요한 모든 비용은 부모가 내 주는 돈으로 충족되는 상황이라 굳이 내 돈을 쓸 이유가 없었던 거죠. 내 돈과 내 필요를 충족시키기 위한 돈이 따로 구분되어 있다면 누가 내 돈을 쓰려고 할까요?

'써야 하는 돈'과 '쓰고 싶은 돈'

아이에게 주는 돈의 액수를 정할 때 중요한 것은 아이의 나이나 학년이 아닌 아이의 소비 영역을 파악하는 것입니다. 10,000원이라는 돈은 어느 정도의 소비 영역을 책임지는지에 따라 어떤 아이에게는 적은 돈이 될 수도, 어떤 아이에게는 적당한 돈이 될 수도, 또 어떤 아이에게는 많은 돈이 될 수도 있습니다.

아이의 소비 영역을 설정하기 위해 가장 먼저 해야 할 것은 종이를 꺼내 우리 아이의 소비 영역을 모두 정리해 보는 것입니다. 부모님들은 이미 느끼고 있겠지만 생활 속에서 아이에게 들어가는 돈은 가정의 지출에서 꽤 큰 비중을 차지합니다. 하지만 정확히 어느 정도 들어가는지는 계산해 보지 않았을 수도 있습니다. 이참에 아이에게 들어가는 돈을 모두 한번 적어보길 바랍니다. 만약 아이 한 명에게만 들어가는 돈이 아니라 가족 구성원이 모두 함께 사용하는 영역의 돈이라면 가족 구성원의 수만큼 나눕니다. 예를 들어 전기 요금이 한 달에 10만 원 나오고 가족 구성원이 4명이라면 1인에 25,000원과 같이 계산할

구분	세부 내용	금액	아이가 스스로 책임지는 영역
식비	아침, 점심, 저녁 및 외식비 등		
간식비	과자, 음료, 과일 등		
학원비	영어, 수학, 태권도 학원 등		
보험료	실손 보험, 어린이 보험 등		
통신 요금	휴대 전화 요금, 인터넷 요금 등		
교통비	버스비, 지하철비 등		
의복비	옷, 신발, 안경, 모자, 속옷 등		
학용품비	책가방, 필기구, 공책 등		
여가 활동비	영화, 쇼핑 등		
용돈	마음대로 쓰는 돈		
기타	화장품 등		

매달 아이에게 들어가는 돈 예시

수 있습니다.

아마 적지 않은 돈을 아이를 위해 쓰고 있을 겁니다. 그럼 이번에는 이 비용 중에 우리 아이가 스스로 책임지는 영역이 어느 정도인지 표시합니다. 대부분 여가 활동, 용돈을 제외하고는 아이가 스스로 책임지는 영역이 아닐 겁니다. 내가 생활하기 위해 필요한 모든 영역을 부모가 대신 지불해 주고 있는 거죠. 내 돈을 쓰지 않아도 살아갈 수 있는 상황입니다. 돈 없이 살아갈 수 있다면 돈을 관리할 필요성이 얼마나 느껴질까요?

세상에 당연한 건 없다

생활에 필요한 모든 소비 영역을 부모가 책임져 준다면 아이는 자신의 소비에 대해 크게 고민할 필요가 없습니다. 그리고 돈 관리를 굳이 열심히 할 필요도 없죠. 돈 관리를 하지 않더라도 생활에 큰 어려움이 없습니다. 오로지 '사고 싶은 것'만 소비하며 살고 있으므로 내가 돈을 제대로 관리하지 못해 다 써 버려도 '사고 싶은 것'을 사지 않으면 그만입니다. 이런 상황이 길어지면 길어질수록 아이는 부모가 내 생활에 필요한 돈을 내주는 것을 '당연하게' 생각합니다. 심하면 20~30대 성인이 되어서도 이런 생각을 합니다. 사람은 스스로 당연하다고 생각하는 것에서는 고마움을 느끼기 어렵습니다. 부모라면 '당연히' 최신 휴대 전화를 사줘야 하고, 부모라면 '당연히' 내 옷과 신발을 사 줘야 한다고 생각한다면 아이가 부모의 호의와 사랑에 고마움을 느낄까요?

대부분의 소비 영역을 부모가 책임진다면 아이는 내가 사고 싶은 것을 갖지 못하는 이유를 자기 자신이 아닌 부모에게서 찾습니다.

"용돈이 친구보다 적어요."

"부모님이 용돈을 안 줘요."

다른 사람에게서 원인을 찾는 이런 말을 하게 되죠. 부모님들은 화가 납니다. 그래서 이렇게 받아치죠.

"너한테 들어가는 돈이 얼만데 그런 소리를 하니?"

결국 돈 때문에 서로 감정이 상합니다. 그런데 아이는 나에게 얼마나 많은 돈이 들어가는지 모릅니다. 내가 내 본 적이 없는데 '너한테 드는 돈이 많다'라는 말을 듣는다고 아이의 태도가 하루아침에 달라질까요? 서로 감정만 상할 뿐입니다.

"이제부터 네가 책임져야 해"

아이에게 들어가는 돈을 정리했다면 이를 아이에게 구체적으로 설명합니다. 이런 곳들에 소비한다는 것을 확인하도록 하는 거죠. 그런데 설명보다 좋은 방법이 있습니다. 바로 직접 자신에게 필요한 소비의 영역을 책임지도록 하는 것입니다. 아이에게 한 가지 선언을 합니다.

"다음 주부터 용돈을 늘려 줄 거야."

아마 아이의 얼굴에 화색이 돌 것입니다. 여기에 한 마디를 더 보탭니다.

"이제부터 네가 책임져야 해."

그리고 아이가 책임지게 될 소비의 영역을 구체적으로 알려 줍니다. "앞으로 휴대 전화 요금은 네가 직접 내야 해", "앞으로 신발은 네 돈으로 직접 사야 해"와 같은 식으로요. 아이는 이전에 해 보지 못한 일에 대한 부담감과 거부감을 느낄 수도 있습니다. 하지만 아이에게 이는 돈 공부를 위한 결정이고, 앞으로 그렇게 하리라는 것을 단호하게 말합니다. 만약 아이의 휴대 전화 요금으로 매달 30,000원을 낸다면 앞으로는 아이에게 휴대 전화 요금을 부담하도록 하고 급여(또는 용돈) 역시 30,000원을 늘려 줍니다. 만약 아이가 자신에게 필요한 돈을 더 마련하려 한다면 스스로 요금제를 조절해 달라고 할 수도 있습니다. 이 경우 요금제를 줄여 생긴 차액은 아이의 돈입니다.

아이와 부모가 소비 영역을 공유하는 세 가지 방법

최종적으로는 모든 영역의 소비를 아이가 스스로 책임지도록 해야 합니다. 모든 영역의 소비를 스스로 책임지는 것을 경제적 독립을 위한 필요조건으로 볼 수 있기 때문이죠. 하지만 초등학교 시기에 지나치게 서두를 필요는 없습니다. 중간 단계를 차근차근 밟아 가야 합니다. 다음의 세 가지 방법 중 마음에 드는 방법을 선택하기 바랍니다.

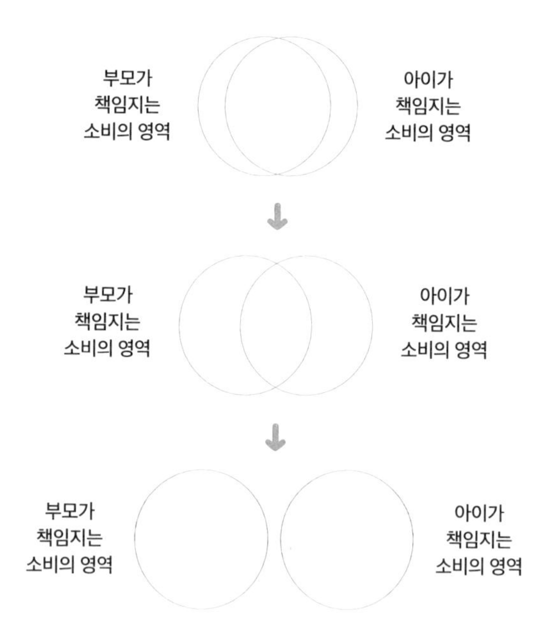

아이의 소비 영역이 점점 넓어지는 모습

① 첫 번째 방법: 금액이 적은 영역부터 넘겨주기

소비의 영역을 넓히는 첫 번째 방법은 금액이 적은 영역들을 우선 넘겨 주는 방법입니다. 학용품, 휴대 전화 요금 등은 한 달에 몇만 원 정도이기에 아이가 스스로 관리하는 데 크게 부담이 없습니다. 아이가 소비의 영역을 넓혀 가는 데 적응이 되면 나머지 영역들도 시간 간격을 두고 차례로 아이에게 넘겨 줍니다. 시간 간격은 절대적인 기준이 있는 것이 아니라 아이의 돈 관리 수준의 정도에 따라 조절해 주면 됩니다.

② 두 번째 방법: 금액으로 영역 정하기

두 번째 방법은 영역마다 부모가 책임지는 금액을 정해 두는 방법입니다. 예를 들어 '신발을 살 때 앞으로 부모님은 10만 원까지만 낼 것이다. 만약 네가 더 비싼 신발을 갖고 싶다면 네 돈에서 보태서 사면 된다'와 같이 이야기합니다. 부모 입장에서는 아이에게 들어가는 돈을 예상할 수 있는 효과가 있고, 아이에게는 사치하지 않고 적정 금액 수준의 물건을 사거나 스스로 돈을 모아야 하는 목표를 만들어 줄 수 있습니다.

③ 세 번째 방법: 비율로 영역 정하기

세 번째 방법은 해당 소비 영역에서 부모와 아이가 책임질 비율을 정해 두는 방법입니다. '신발을 살 때 5:5의 비율로 계산한다'와 같이 정하고 실제 신발 가격의 절반은 아이가 내도록 하는 거죠. 비율은 2:8, 3:7, 8:2, 7:3 등으로 다양하게 정할 수 있습니다.

아이가 돈 관리를 제대로 못 한다면?

만약 돈 관리를 제대로 하지 못해 돈이 부족하더라도 부모가 대신 내 주는 일은 없어야 합니다. 부모가 돈을 대신 내 주는 순간 아이는 '내가 관리하지 않아도 해결 방법이 있다'라는 사실을 학습합니다. 마치 시험공부를 안 해도 나 대신 문제를 풀어줄 사람이 있다고 생각하는 격이죠. 돈 관리를 하지 않아서 생기는 불편함은 직접 느껴 봐야 합니다. 휴대 전화 요금을 내지 못했다면 한 달간 휴대 전화를 사용하지 못하는 불편함을 겪어야 하고, 교통비를 다른 곳에 써 버렸다면 당분간 걸어 다니는 불편함을 느껴야 합니다. 신발을 사기 위해 모아 뒀어야 하는 돈을 다른 데 써 버렸다면 새 신발을 사지 못한 채 지내야 하죠. 아이에게 너무한 일이 아닌가 생각할 수도 있습니다. 하지만 반복해서 이야기했듯 어른이 되어 실전에서 이런 실수를 저지르는 것보다 지금 실수하고 반성할 시간을 가지도록 해야 합니다. 만약, 아이의 돈을 대신 냈다면 이자를 더해 아이에게 빌려준 돈을 돌려받아야 합니다.

소비의 영역을 아이에게 넘겨 준다는 것은 아이에게 자율성과 책임감을 동시에 주는 것입니다. 아이가 가져간 소비의 영역에 대해 부모는 아이의 결정을 존중해야 합니다. 물론 돈 관리하는 방법을 알려 주는 것은 문제가 되지 않습니다. 하지만 이 점을 반드시 기억해야 합니다.

'아이 돈은 내 돈이 아니다.'

그리고 아이는 이런 생각을 하도록 해야 합니다.

'부모님 돈은 내 돈이 아니다.'

이제 내가 갖고 싶은 휴대 전화를 사지 못하는 것도, 내가 먹고 싶은 간식을 사 먹지 못하는 것도 부모의 탓이 아닌 내 탓이 됩니다.

아이가 책임지는 소비의 영역이 생겼다면 소비 종류를 종이에 정리해 두는 것이 좋습니다. 사람의 기억력은 때때로 우리의 믿음만큼 좋지 않기 때문에 부모와 아이가 언제든 확인할 수 있도록 기록해야 합니다. 공간이 허락한다면 잘 보이는 곳에 게시합니다.

○○이가 책임지는 소비	부모가 책임지는 소비
간식, 친구들과 노는 비용, 휴대 전화 요금, 학용품	보험료, 학원비, 신발(1년에 2번 50,000원씩), 교통비, 식비

아이와 부모의 소비 영역 예시

돈의 가치와 고마움을 알아 가는 아이들

방송인 홍진경 씨는 딸이 초등학교 6학년일 때 한 달 용돈을 30만 원으로 올려 주었다고 합니다. 6학년에게 지나치게 많은 돈이 아닌가 생각하지만, 용돈만 올려 준 것이 아니었습니다. 용돈을 올리는 것과 함께 모든 소비의 영역을 딸에게 넘겨주었습니다. 더 이상 아이에게 필요한 것들에 돈을 대신 내주지 않기로 한 거죠. 그 결과 딸이 전에는 방바닥에 굴러다니게 내버려두던 돈을 지갑에 넣어 다니기 시작했고, 여기저기서 생기는 잔돈을 모았다고 합니다. 소비의 영역을 완전히 넘겨 주었기 때문에 외식할 때도 딸과 더치페이를 합니다. 한 번은 소고기 외식을 하고 더치페이를 하자 딸이 한 달 용돈 절반을 한 번에 썼다고 하네요. 그 후로는 딸이 외식하지 않으려고 한답니다.

물론 한 번에 모든 소비의 영역을 넘겨준 것이 조금은 극단적이라고 생각할 수 있습니다. 하지만 이 이야기는 소비의 영역을 아이에게 넘기는 것의 효과를 보여 주는 아주 좋은 예시라고 생각합니다. 여기에 한 가지 더, 아마 홍진경 씨의 딸은 부모님이 맛있는 음식을 사 주시면 이제는 '당연함'이 아니라 '고마움'을 느끼지 않을까요?

어떻게 계획대로 소비하는 습관을 만들 수 있을까?

먼저 소비 계획을 세우자

부모가 알아야 할 경제 개념 체크

소비를 하기 전 미리 어디에 어떻게 돈을 사용할 것인지 계획한 것을 예산이라고 합니다. 그리고 소비를 하고 난 후 일정한 기간의 수입과 지출을 정리해 계산하는 것을 결산이라고 합니다. 올바른 소비 습관을 형성하려면 계획을 세워 소비를 하고 소비한 내용을 반성하는 예산 세우기와 결산하기 과정이 필요합니다.

소비의 영역을 넘겨준 것은 돈 공부와 소비 교육의 시작이라고 볼 수 있습니다. 소비를 스스로 하도록 하는 것이죠. 그다음으로는 올바른 소비 습관을 갖도록 해야 합니다. 올바른 소비 습관을 만들려면 '쓸 돈 계획하기'와 '쓴 돈 돌아보기' 두 단계가 필요합니다. 이 두 단계를 수행하지 않는다면 아무리 소비의 영역을 넘겨주더라도 소비 습관을 제대로 형성하는 돈 관리 공부가 되지 않습니다. 1주일에 한 번 급여(또는 용돈)를 받는다면 1주일에 한 번 이 두 단계를 수행하고, 한 달에 한 번 급여(또는 용돈)를 받는다면 한 달에 한 번 이 두 단계를 수행합니다.

1단계: 쓸 돈 계획서 쓰기

급여(또는 용돈)를 받기 전, 정해진 기간 동안 쓸 돈의 계획을 아이가 작성하여 부모에게 제출하도록 합니다. 근로계약서나 용돈 계약서에 '쓸 돈 계획서'와 '쓴 돈 정산서'를 작성해서 부모에게 확인받고 통과가 되어야 급여를 지급한다는 조항을 추가해 둡니다. 이 방법으로 아이는 의무적으로 쓸 돈 계획서를 작성하고 반복하며 습관화합니다. 소비 성향이 높지 않은 아이는 스스로도 잘하지만 소비 성향이 높은 아이는 어느 정도의 강제성을 부여하는 게 좋습니다. 처음에는 부모와 함께 쓸 돈 계획서를 작성하며 아이가 익숙해지도록 하고, 어느 정도 익숙해진 다음에는 아이가 혼자서 작성하여 제출하도록 합니다.

쓸 돈 계획서는 크게 저축, 소비 영역으로 구분하고 차례대로 작성합니다.

① 저축 계획 세우기

'쓰고 남은 돈을 저축하지 말고, 저축하고 남은 돈을 써라.'

쓸 돈 계획서를 작성할 때 가장 먼저 정해야 할 것은 저축할 돈입니다. 돈 관리에서 쓰고 남는 돈을 저축하는 것이 아니라 저축을 무조건 해 두고 남은 돈으로 생활하는 습관은 무엇보다 중요하기 때문입니다. 저축은 하나로 묶지 않고 목적에 따른 저축으로 구분하여 기록합니다. 저축에 대한 더 자세한 내용은 4장에서 알아보겠습니다.

② 소비 계획 세우기

내가 받는 돈에서 저축한 돈을 뺀 나머지 돈으로 소비 계획을 세웁니다. 소비는 다시 '써야 하는 돈'과 '쓰고 싶은 돈'으로 나눕니다. 써야 하는 돈은 고정 지출 비용이라고 볼 수 있습니다. 쓰고 싶지 않아도 생활을 위해 쓸 수밖에 없는 돈이죠. 쓰고 싶은 돈이 아이가 용돈으로 해결하던 영역입니다. 친구들과 간식 사 먹기, 친구들과 놀러 가는 데 드는 비용, 내가 갖고 싶은 물건을 사는 비용 등입니다. 쓸 돈의 금액과 내용까지 적고 마지막에는 아이와 부모의 확인 서명까지 합니다.

○○이의 ○월 1주 쓸 돈 계획서

기간: 202○년 1월 1일 ~ 1월 7일

받는 급여(또는 용돈): 50,000원

		쓸 돈 계획	쓴 돈 확인	
저축		10,000원		20살 해외여행을 위한 저축 (목표: 300만 원)
		5,000원		신발을 사기 위한 저축 (목표: 10만 원)
		2,000원		투자 자본금 모으기 (목표: 10만 원)
소비	써야 하는 돈	5,000원		휴대 전화 요금 모으기 (한 달에 20,000원)
		5,000원		버스비
		10,000원		학원비 보태기
	쓰고 싶은 돈	4,000원		간식 사 먹기
		2,000원		포켓몬 카드 게임하기
		3,000원		아이돌 포토 카드 사기
		4,000원		여윳돈
합계		50,000원		

○○○은/는 위의 내용대로 돈을 쓸 계획입니다.

작성자: ○○○ (인)

확인자: ○○○ (인)

쓸 돈 계획서 예시

위의 쓸 돈 계획서 예시에서 1주일에 50,000원이라는 돈이 그렇게 큰돈으로 느껴지지 않습니다. 오히려 부족하다는 느낌이 들기도 합니다. 그 이유는 아이가 책임지는 소비의 영역이 훨씬 넓어진 상태이기 때문입니다. 만약 소비의 영역을 넓히지 않고 아이가 '쓰고 싶은 돈'만 책임지며 50,000원이라는 돈을 받았다면 많은 돈이었겠죠. 이처럼 소비의 영역 확장이 이루어진 상태에서 쓸 돈 계획서 쓰기가 더 큰 효과를 발휘합니다. 위의 쓸 돈 계획서는 예시이므로 양식은 자유롭게 해도 좋습니다. 중요한 것은 아이가 받은 돈을 어떻게 쓸지 계획하는 습관을 만드는 것입니다.

아이가 계획대로 실천하게 하는 법

계획은 누구나 쉽게 세울 수 있지만, 계획대로 실천하는 건 어려운 일입니다. 계획서를 잘 쓰고도 제대로 실천하지 않는다면 방학마다 세우고 지키지 않는 방학 계획서나 다름없겠죠. 사실 계획대로 생활하는 건 쉬운 일이 아닙니다. 웬만큼 강한 의지를 갖지 않고서는 실천하기 어렵죠. 하지만 계획을 지키는 데 도움을 줄 방법은 있습니다.

바로 '봉투(또는 통)'를 이용하는 방법입니다. 아이가 쓸 돈 계획서를 가져왔다면 확인 후 봉투를 몇 장 준비합니다. 그리고 봉투에 아이의 계획을 항목별로 적습니다. 위의 예시에서는 다음과 같이 분류할 수 있습니다. 저축 항목은 저축 통장이나 저금통 등에 들어가므로 봉투는 따로 준비하지 않아도 됩니다.

- 휴대 전화 요금 모으기 봉투
- 버스비 봉투
- 학원비 보태기 봉투
- 먹고 싶은 것 먹기 봉투
- 사고 싶은 것 사기 봉투
- 여윳돈 봉투

이제 계획한 현금을 봉투에 넣습니다. 그리고 소비할 때, 봉투 안의 현금을 꺼내 소비합니다. 만약 봉투 안의 돈을 다 썼다면 남은 기간은 해당하는 소비를 하지 않습니다. 다른 봉투의 돈을 꺼내 계획과 다른 용도로 쓰지 않도록 합니다. 마치 어른들이 식비, 문화 생활비, 통신비, 주거비 등 한 달 가계부 예산을 정해 두는 것과 같습니다. 조금 차이가 있다면 봉투와 현금을 활용하여 아이가 시각적으로 돈의 양을 볼 수 있다는 점입니다. 이 방법이 처음에는 번거롭게 느껴질 수 있습니다. 하지만 앞서 이야기한 대로 이 방법은 구체물을 통한 돈 공부 방법입니다. 또, 돈 쓰는 것이 번거로워야 나쁜 소비 중의 하나인 '충동 소비'를 막을 수 있습니다.

2단계: 쓴 돈 돌아보기

계획을 세우고 실천하는 것만큼이나 중요한 것이 바로 계획대로 실천했는지 확인하는 것입니다. '쓸 돈 계획서'를 쓴 것처럼 '쓴 돈 정산서'도 작성해 의무적으로 제출하도록 합니다. 쓸 돈 계획서와 마찬가지로 근로계약서나 용돈 계약서에 하나의 조항으로 넣어도 좋습니다. 쓴 돈 정산서는 따로 작성하기보다는 쓸 돈 계획서와 한 번에 작성하여 계획과 실제 쓴 돈을 비교하게 합니다.

이처럼 계획과 실제 사용한 돈을 비교하며 자신의 소비를 되돌아봅니다. 조금 뒤에 설명할 '용돈 기입장'과 함께 소비 습관을 되돌아보기도 합니다. 잘한 점이 있다면 계속 유지하고 아쉬운 점이 있다면 다음에는 똑같은 행동을 반복하지 않도록 반성합니다. 부모가 격려와 칭찬, 조언을 함께 곁들인다면 금상첨화입니다. 남은 돈은 다음 쓸 돈 계획서의 여윳돈으로 정하거나 저축하도록 합니다. 우리 집 살림에 대한 가계부를 작성한다면 아이와 함께 우리 집 한 달 지출을 살펴보며 함께 반성하는 시간을 갖는 것도 좋습니다.

○○이의 ○월 1주 쓸 돈 계획서

기간: 202○년 1월 1일 ~ 1월 7일

받는 급여(또는 용돈): 50,000원

		쓸 돈 계획	쓴 돈 확인	
저축		10,000원	10,000원	20살 해외여행을 위한 저축 (목표: 300만 원)
		5,000원	5,000원	신발 사기 위한 저축 (목표: 10만 원)
		2,000원	2,000원	투자 자본금 모으기 (목표: 10만 원)
소비	써야 하는 돈	5,000원	5,000원	휴대 전화 요금 모으기 (한 달에 20,000원)
		5,000원	5,000원	버스비
		10,000원	10,000원	학원비 보태기
	쓰고 싶은 돈	4,000원	2,000원	간식 사 먹기
		2,000원	2,000원	포켓몬 카드 게임하기
		3,000원	3,000원	아이돌 포토 카드 사기
		4,000원	0원	여윳돈
합계		50,000원	44,000원	6,000원이 남았다

○○○은/는 위의 내용대로 돈을 쓸 계획입니다.

작성자: ○○○ (인)

확인자: ○○○ (인)

쓸 돈 계획하기와 실제 쓴 돈 작성하기 예시

용돈 기입장, 꼭 써야 할까?

돈 공부의 고전, '용돈 기입장'

'용돈 기입장'은 돈 공부의 고전입니다. 부모 세대에게 어린 시절 받았던 경제 교육 중 떠오르는 것을 질문했을 때도 많이 나오는 대답이죠. 몇십 년이 넘은 방법이다 보니 용돈 기입장은 낡은 방법, 지금 시대에는 맞지 않는 방법이라고 생각하기도 합니다. 어린 시절 용돈 기입장을 썼지만, 돈에 대해 제대로 배우지 못한 부모의 경험이 이런 생각을 더욱 강하게 만듭니다. 하지만 고전 문학 작품이 아직도 사랑받고, 지금까지도 많은 사람들에게 감동과 깨달음을 주듯이 용돈 교육의 고전인 용돈 기입장은 여전히 쓸 만하고, 효과적인 방법입니다. 단, 용돈 기입장을 제대로 써야 합니다. 부모 세대가 용돈 기입장을 썼음에도 돈을 제대로 공부하지 못한 이유는 용돈 기입장 자체가 돈 공부를 하는 데 쓸모없었기 때문이 아니라 제대로 활용하지 못했기 때문입니다.

용돈 기입장을 제대로 쓰는 네 가지 방법

용돈 기입장은 자신이 기록한 소비를 스스로 반성하고 되돌아볼 수 있게 하는 자료로서 의미를 갖습니다. 용돈 기입장을 제대로 활용하려면 이렇게 쓰게 합니다.

① 매일 쓰는 습관 만들기

용돈 기입장은 습관이 되어야 의미가 있습니다. 시키지 않아도 하나의 생활 루틴이 되어 스스로 하도록 합니다. 어른들도 습관 하나를 만드는 것은 쉽지 않습니다. '매일 헬스장을 가야지' 다짐하지만 며칠마다 똑같은 다짐을 새로 하곤 합니다. 다행인 건 용돈 기입장 쓰기는 매일 헬스장 가기보다 훨씬 쉽고 간단합니다. 습관이 되기 전까지는 부모의 도움이나 강제성이 조금은 필요할 수도 있습니다. 근로계약서에 용돈 기입장 작성을 조건으로 넣는 것도 한 방법입니다. 그렇다면 우리 아이가 용돈 기입장을 습관처럼 쓰기 위해서는 얼마의 시간이 걸릴까요?

런던 대학 제인 워들 교수팀은 인간의 반복 행위가 반사행동으로 정착되는 기간을 알아보는 실험을 했습니다. 쉽게 말해 습관이 형성되는 데 걸리는 시간을 알아본 것이죠. 실험 결과, 습관이 형성되는 데는 평균 66일이라는 기간이 걸렸다고 합니다.

'두 달 정도 용돈 기입장을 쓰게 하면 습관이 형성되겠구나!' 실험 결과를 듣고 이런 생각을 했을지도 모르겠습니다. 혹은 두 달 이상 용돈 기입장 쓰기를 시켰는데도 습관이 들지 않는다면서 실험 결과가 잘못되었다고 생각하거나 아이에게 짜증을 낼 수도 있습니다. 하지만 실험 결과를 자세히 살펴봐야 합니다. 바로 '평균'이라는 것이죠. 제인 워들 교수팀의 실험에서 습관이 만들어지는 데 가장 짧은 기간이 걸린 사람은 18일, 습관을 만드는 데 가장 오래 걸린 사람은 253일이었습니다. 즉, 66일이라는 기간은 평균일 뿐이지 모든 사람을 대표하는 숫자가 아닙니다. 아이의 습관이 만들어지는 데 시간이 오래 걸리더라도 참고 꾸준히 써 나갈 수 있도록 도와주어야 합니다.

습관을 만들기 위해서는 매일 같은 시간에 용돈 기입장을 쓰도록 합니다. 알람을 맞춰 두는 것도 좋습니다. 용돈 기입장을 쓰는 것은 대부분 5분도 걸리지 않으므로 아이들 입장에서도 부담스러운 일이 아닙니다. 부모도 아이와 함께 하루 지출을 정리하는 시간을 갖는다면 아이가 매일 자리에 앉아 용돈 기입장을 쓰도록 하는 것은 더욱 쉬워집니다.

② 알아볼 수 있게 쓰기

용돈 기입장을 쓸 때는 글씨를 반듯하게 정성껏 쓰도록 합니다. 얼른 쓰고 싶은 생각에 빨리 쓰다 보면 스스로도 알아볼 수 없는 글씨로 용돈 기입장을 작성합니다. 용돈 기입장을 쓰는 목적은 단순히 기록하고 끝내는 것이 아니라 나의 소비를 되돌아보기 위한 것이므로 시간이 지난 후에 보더라도 내용을 확인할 수 있어야 합니다.

아이가 사용할 용돈 기입장은 시중에 판매하는 1,000~2,000원짜리를 사용해도 됩니다. 하지만 시중에 판매하는 용돈 기입장은 칸이 너무 좁아 글씨를 쓰기 어려운 단점이 있습니다. 또, 쓴 내용을 다시 확인하고 점검할 때도 칸이 좁다 보니 불편합니다. 되도록 칸이 넓은 용돈 기입장을 쓰는 게 좋습니다. 집에서 인쇄할 수 있다면 A4용지 크기로 용돈 기입장을 출력해서 사용하는 방법도 있습니다. 용돈 기입장에 들어가는 내용은 날짜, 내용, 들어온 돈, 나간 돈, 남은 돈 정도면 충분합니다. 아이에게 스마트폰이 있다면 용돈 기입장이나 가계부 앱을 다운받아 사용해도 됩니다. 용돈 기입장을 쓰는 목적은 나의 소비를 되돌아보기 위한 자료를 남기는 것입니다.

③ 쓰고 끝내지 않기

수학 실력을 늘리고 싶은 아이는 수학 개념을 배우고 문제를 풉니다. 그리고 내가 푼 문제를 채점하고 틀린 문제가 있다면 오답 노트를 만들어 틀린 부분을 다시 틀리지 않도록 공부합니다. 용돈 기입장을 쓰는 과정도 이와 같습니다. 돈 관리 방법을 배우고, 용돈 기입장을 쓰고, 용돈 기입장 내용 속의 내 소비를 되돌아보며 나쁜 소비를 찾아내고, 다시 나쁜 소비를 하지 않도록 반성하고 실천하는 것을 반복하는 거죠.

아이가 정해진 날마다 용돈 기입장 속 소비를 되돌아보고 반성하도록 합니다. 용돈 기입장을 살펴보는 시간은 급여(또는 용돈)를 받는 날 '쓸 돈 계획서'를 쓰기 전이 좋습니다. 새로운 쓸 돈 계획서를 쓰기 전 지난 기간의 나쁜 소비인 과소비, 사치, 충동 소비, 과시 소비, 모방 소비 등을 찾아보고 다음 주에는 어떻게 소비해야 할지 생각해 보도록 합니다.

④ 부모와 함께하기

아이가 용돈 기입장을 혼자 쓰고 살펴보게 내버려두지 않습니다. 부모님도 해야 할 것이 많아 바쁘겠지만, 아이의 용돈 기입장 쓰기 활동에 관심을 가져야 합니다. 하지만 여기서 관심은 잔소리를 하거나 혼내라는 의미가 아니라는 것을 기억해야 합니다. 용돈 기입장을 쓰고 돌아보는 시간이 부모와 대화하고 소통하는 시간으로 인식되도록 하는 겁니다. 아이의 이야기를 들어주고 부모의 생각을 담백하게 이야기합니다. 부모님들도 함께 우리 집 가계부를 작성하고 되돌아보며 서로 이야기를 나눈다면 '돈'에 대해 이야기하는 것이 자연스러운 우리 집의 문화로서 자리 잡지 않을까요?

세상에는
다양한 소비가 있다

나를 위한 소비, 남을 위한 소비

앞서 소비를 다양한 기준으로 나누어 보았습니다. 돈을 쓰는 시점을 기준으로 현재를 위한 소비, 미래를 위한 소비로 나누었고, 소비의 합리성을 기준으로 좋은 소비와 나쁜 소비로 나누었습니다. 그리고 이 네 가지의 공통점은 '나'의 만족을 위한 소비라는 것입니다. 하지만 소비에는 나를 위한 소비뿐만 아니라 남을 위한 소비도 있다는 사실을 아이에게 알려 줘야 합니다.

나누는 기쁨, 기부

대표적인 남을 위한 소비는 기부입니다. 도움이 필요한 곳에 돈으로 마음을 전달하는 방법이죠. 기부는 적은 돈이라도 마음을 쓰는 것이 중요합니다. '돈을 많이 벌면 기부해야지'라는 생각은 실천으로 이어지기 어렵습니다. 기부는 돈이 있어야 할 수 있는 것이 아니라 마음이 있어야 할 수 있는 것이기 때문입니다. 그래서 어린 시절 돈에 대해 배우는 시기, 기부에 대해서도 함께 알려 주는 것이 필요합니다.

아이가 기부할 수 있는 방법에는 여러 가지가 있습니다. 비정부기구에 정기적으로 후원하는 방법도 있고, 연말 구세군 냄비에 기부하는 방법도 있습니다. 주변에 도움이 필요한 곳에 직접 기부해도 좋습니다. 네이버의 '해피빈 기부' 사이트를 이용할 수도 있습니다. 이 사이트는 1년을 마무리하는 2월에 제가 반 아이들과 함께 이용하는 사이트입니다. 기부처에는 왜 모금을 하는지, 모은 돈은 어떻게 사용할 계획인지가 자세히 나와 있습니다. 또, 신청하면 기부한 돈을 사용한 후 메일로 그 결과를 받아 볼 수도 있습니다. 아이와 부모가 함께 살펴보고 이야기를 나눈다면 의미 있는 시간이 될 것입니다. 무엇보다 100원도 기부할 수 있으므로 아이도 부담 없이 기부를 생활 속에서 실천할 수 있습니다.

4장

저축: 푼돈도 차곡차곡 모으면 큰돈이 된다

저축은 왜
해야 할까?

아이에게 저축해야 하는 이유를 어떻게 설명할까?

아이들에게는 여러 번 월급을 받고 저축하는 경험을 통해 월급을 받으면 우선 저축하고, 나머지 돈으로 생활하는 습관이 만들어졌습니다. 그래서 월급날이 되면 은행원이 바빠집니다. 아이 대부분이 월급을 받자마자 저축하기 위해 은행원 앞에 줄을 서기 때문이죠. 그런데 6월 중순이던 어느날, 월급날도 아닌데 아이들이 은행원 앞에 줄을 서 있습니다. 궁금해서 아이들에게 물어보았습니다.

"너희들 오늘 월급날도 아닌데 저축하러 왜 이렇게 많이 왔어?"

그러자 맨 앞에 서 있던 아이가 대답합니다.

"선생님, 오늘 10주짜리 예금에 가입해야 9월 1일(2학기 개학날)이 만기예요."

—〈세금 내는 아이들〉 에피소드 중

책의 시작에서 어린 시절 절약과 저축만 배워서 아쉬웠다고 말했습니다. 그럼에도 가장 먼저 배워야 할 돈 관리 방법은 바로 저축입니다. 절약과 저축만 배워서 아쉬웠다는 표현은 절약과 저축이 필요 없다는 말이 아닙니다. 절약과 저축만 배우고 나머지를 배우지 못했다는 아쉬움이죠. 저축은 돈 관리에서 아주 중요합니다. 그래서 저도 아이들이 가장 먼저 형성해야 할 금융 습관으로 저축을 꼽습니다. 물론 저축을 배운 이후에 다른 내용들도 함께 배워야 합니다.

어린 시절을 떠올려 보면 어른들은 '저축해라'라는 말만 했지, 저축을 왜 해야 하는지 자세히 알려 주지 않았습니다. 무언가를 할 때는 이유를 알아야 능동성이 생깁니다. 그래서 우선 아이에게 저축하면 좋은 점을 알려 주어야 합니다. 저축하는 이유는 네 가지로 설명할 수 있습니다.

① 소득을 늘릴 수 있어

저축을 하면 은행에서는 정해진 기간이 지난 후 정해진 금액만큼의 이자를 줍니다. 이자는 소득의 종류 중 돈으로 돈을 버는 자본소득(금융 또는 재산소득)에 해당합니다. 소득이 늘어나는 거죠. 저금통에 10,000원을 넣어두면 몇 년이 지나도 그대로 10,000원이지만 은행에 저축하면 이자를 받을 수 있습니다.

"왜 사람들은 저금통에 저축하지 않고 은행에 저축할까요?"

위의 질문을 하면 많은 아이들이 손을 듭니다.

"은행에 저축하면 '이자'를 받을 수 있으니까요."

아이들은 곧바로 정답을 맞힙니다. 다음 질문을 이어 합니다.

"그럼 은행은 왜 이자를 주나요?"

자신있게 손을 들고 대답했던 직전 질문과는 다르게 아이들은 손을 들지 않습니다. 생각해 본 적이 없기 때문이죠. 은행에서 이자 주는 이유를 알기 위해서는 은행이 어떻게 생겨났는지를 살펴보면 됩니다. 이 이야기 속에는 돈과 관련된 많은 내용이 담겨 있습니다.

15세기 영국에서는 금을 돈으로 사용했다. 사람들은 금을 보관할 창고가 필요했지만, 집마다 창고를 두기는 어려웠다. 그래서 금세공업자의 금고에 금을 맡겼다. 금세공업자는 금을 다루는 사람이었기 때문에 금고를 가지고 있었다. 금세공업자는 사람들의 금을 보관해 주는 대신 보관료를 받았다. 사람들은 안전하게 금을 보관할 수 있으니, 보관료를 내고 금을 금고에 보관했다. 금세공업자는 사람들에게 금을 맡겼다는 증거로 '금 보관증'

을 종이에 써서 나눠 주었다. 그런데 시간이 꽤 지난 뒤에도 사람들은 맡겨 둔 금을 찾으러 오지 않았다. 무게가 많이 나가는 금 대신 가벼운 '금 보관증'을 금 대신 주고받으며 돈처럼 쓰기 시작한 것이다.

사람들이 금을 찾으러 오지 않자, 금세공업자는 한 가지 생각을 떠올렸다. '금고에 있는 금을 금이 필요한 다른 사람들에게 빌려주고, 빌려준 대가로 이자를 받자.' 그리고 금세공업자는 이 생각을 바로 실천에 옮겼다. 많은 사람이 필요한 금을 빌려 간 후 이자를 붙여 갚았다. 금세공업자는 엄청난 돈을 벌기 시작했다.

그런데 이 사실을 알게 된 금 주인들이 금세공업자를 찾아와 따지기 시작했다. '우리의 금을 안전하게 보관해 달라고 했지, 당신이 돈을 버는 데 쓰라고 한 것이냐?' 그러자 금세공업자는 한 가지 제안을 했다. '내가 금을 빌려주고 받은 이자 중 일부를 당신들에게 주겠다. 그리고 이제 보관료를 내지 않아도 된다.' 사람들은 금세공업자의 제안을 받아들였다. 금을 안전하게 보관하려고 돈을 냈었는데 이제는 금을 안전하게 보관하며 돈을 벌 수 있기 때문이었다. 이렇게 은행이 탄생했다. 은행은 사람들이 맡긴 돈을 다른 사람들에게 빌려주고 이자를 받는다. 그리고 그 이자 중의 일부를 돈을 맡긴 사람들에게 준다. 돈을 맡기는 사람은 이자를 받을 수 있어 좋고, 돈이 필요한 사람은 돈을 빌릴 수 있어 좋다. 그리고 은행은 사람들이 맡긴 돈으로 돈을 벌 수 있다.

이야기 속에는 저축, 이자, 대출뿐만 아니라 대출금리는 예금금리보다 항상 높다는 것, 은행은 이윤을 추구하는 기업이라는 것 등에 관련된 내용이 있습니다. 이렇게 옛날이야기를 들려주듯이 아이에게 은행이 이자를 주게 된 이유를 들려줍니다. 물론 책을 통해 알려 주어도 좋고, 은행의 탄생을 다루는 영상을 함께 보아도 좋습니다.

② 지출을 줄일 수 있어

은행에 돈을 넣어 두면 약속한 날짜까지는 돈을 찾기가 어렵습니다. 물론 중간에 맡긴 돈을 찾을 수도 있지만, 그럼 약속한 이자보다 훨씬 적은 이자를 받죠. 그리고 돈을 쓰려고 해도 해지를 하는 등 내 돈을 사용하기 위한 단계가 하나 더 생기다 보니 물건을 사고 싶은 마음이 들었을 때 시간을 벌 수 있습니다. 즉, 나쁜 소비 중의 하나인 충동 소비를 막을 수 있는 거죠.

③ 안전하게 보관할 수 있어

부모가 알아야 할 경제 개념 체크

사람들은 은행이 안전하다는 인식을 갖고 있습니다. 하지만 은행도 망하는 경우가 생길 수 있습니다. 이 경우 은행을 믿고 돈을 맡긴 사람들이 큰 피해를 볼 수 있죠. 그래서 나라에서는 '예금자 보호법'이라는 법을 만들어 두었습니다. 내가 돈을 맡겨 둔 금융기관이 망하더라도 한 금융기관당 5000만 원까지는 보호받을 수 있습니다.

은행에는 아주 튼튼한 금고가 있습니다. 그뿐만 아니라 여러 경비 시스템이 갖추어져 있죠. 집에 두면 잃어버리거나 도둑맞을 수도 있지만 은행에 내 돈을 저축해 두면 안전합니다.

④ 여러 가지 서비스를 이용할 수 있어

은행은 우리에게 편리한 서비스를 많이 제공합니다. ATM을 이용해서 언제 어디서든 내 통장 속의 돈을 찾을 수 있고, 멀리 있는 사람에게 계좌 이체해서 돈을 보낼 수도 있습니다.

"부모가 대신 저축해 줘도 되나요?"

저축은 아이와 부모가 접하기 쉽고, 이해하기 쉬운 금융 개념 중 하나입니다. 하지만 부모가 대신 해 주는 저축은 아이의 돈 공부에 전혀 도움이 되지 않습니다. 부모가 관리해 주고 있는 돈은 내 돈으로 인식되지 않을뿐더러 눈에 보이지도 않습니다. 저축의 과정도 아이가 스스로 수행해야 합니다. 그런데 요즘은 은행의 많은 시스템이 전산화되어 있으므로 어른도 은행에 방문하는 경우가 많지 않습니다. 대부분의 은행 업무를 앱에서 관리할 수 있기 때문이죠. 또, 은행 창구에 직접 방문한다고 하더라도 기다리는 데 너무 많은 시간을 허비하게 됩니다. 아이의 스케줄도 어른 못지않게 바쁜 요즘, 아이가 은행 영업시간에 맞춰 은행에 방문하기 쉽지 않을 수도 있죠. 그래서 앞서 카드로 돈을 소비하는 아이가 사용한 금액만큼 부모에게 현금으로 지불하는 과정을 거친 것처럼, 앱을 이용하여 온라인으로 저축한다면 부모에게 현금을 지급하여 저축하는 방법으로 저축 공부를 시작합니다. 저축이 습관화가 된 이후라면 앱을 통한 화면 속 숫자로 저축해도 됩니다.

초등 아이가 은행에 저축하는 것을 힘들어하는 이유

대부분 은행의 저축 상품은 1년을 단위로 합니다. 은행의 이자도 연이율을 기준으로 하죠. 이 말은 무슨 말일까요? '가입-납입-만기'라는 한 사이클의 저축을 온전히 경험하려면 1년이라는 시간이 걸린다는 이야기입니다. 어른에게 1년은 바쁘게 지내다 보면 금방 지나가는 시간일 수 있습니다. 하지만 아이에게 1년이란 기간은 어떻게 느껴질까요?

'10살 아이에게 1년 = 살아온 인생의 10분의 1'

저축 금리가 3~4%인 시기, 그리고 초등학생인 아이가 저축하는 원금 자체가 크지 않은 상황에서 아이가 자신이 살아온 인생의 10분의 1을 기다린 끝에 받은 이자는 기껏해야 몇천 원 정도(원금 10만 원 기준)에 불과합니다. 이런 상황에서 아이가 저축해야 하는 이유 중의 하나인 '이자'의 매력을 느끼기는 어렵죠. 또, 1년이라는 기간을 기다려야 하므로 아이가 성인이 되기까지 만기를 경험할 수 있는 횟수도 그리 많지 않습니다. 저축 습관을 형성하기에 만기 경험의 횟수가 부족한 것이죠.

아이가 스스로 다루는 돈이 많지 않아 저축했을 때 받는 이자의 액수가 적다면 부모가 추가 이자를 지급해 주는 것도 하나의 방법입니다. 아이가 연이율 4%인 저축 상품에 10만 원을 저축했다면 적어도 이자율 10%에 해당하는 10,000원 정도는 이자를 받을 수 있게 부모가 추가 이자를 더해 주는 거죠. 만약 이자율이 4%라면 은행에서 받는 이자 4,000원에 부모가 6,000원의 이자를 더해서 지급하는 식입니다(이자에 붙는 세금은 고려하지 않았습니다). 이는 초기 저축 습관을 형성하는 데 사용할 수 있는 방법입니다.

우리 집 은행 만들기

엄마 은행, 아빠 은행, 할머니 은행

저축은 습관이 되도록 하는 것이 관건입니다. 그리고 아이에게 저축 습관을 만들기 위해 필요한 것은 충분한 성공 경험입니다. 저축과 만기를 여러 번 경험해 원금과 이자를 함께 받는 기쁨과 성취감을 여러 번 느끼게 하여 저축 습관이 내면화되도록 해야 합니다. 그런데 은행에 저축하는 방법은 앞에서 말한 이유로 이런 조건을 만족하기에 어려움이 있습니다. 아이에게 저축 습관을 들이고자 할 때는 우선 우리 집 은행을 만들어 시작하는 것을 추천합니다.

은행을 만든다는 것은 거창한 게 아닙니다. 저축 상품을 하나 마련하는 겁니다. 저축 상품은 전단지나 안내문으로 만들어 게시합니다.

우리 집 은행 12주 만기, 이자율 10%

저축 상품은 한 가지만 만들 수도 있지만 저축 기간, 이자율 등을 다양하게 설정하여 만들 수도 있습니다. 아이에게 자신의 목적에 따른 저축 상품을 구매할 수 있도록 하는 거죠. 엄마 은행, 아빠 은행과 같은 설정을 하거나 명절 때 가끔 보는 친척들의 이름을 붙여 장기 저축 상품을 구성할 수도 있습니다.

엄마 은행: 12주 만기, 이자율 10% **아빠 은행**: 18주 만기, 이자율 15% **할머니 은행**: 36주 만기, 이자율 30%

정기적인 소득 지급을 1주일 단위로 하면 만기도 12주 정도로 맞추는 게 좋습니다. 실제로 월급을 받고 12개월이 만기인 것과 비율을 맞춰 주는 효과를 내는 거죠. 아이가 2주에 한 번 급여를 받는다면 최소 24주 정도의 만기로, 3주에 한 번이라면

최소 36주의 만기로 합니다. 급여를 한 달 간격으로 받게 된다면 1년(12개월) 만기로 저축하게 하고, 은행 저축으로 완전히 넘어가도록 합니다. 저축도 차근차근 단계를 밟아 가는 것이 중요합니다.

저축한 내용 기록하는 법

아이가 저축한 내용은 반드시 용돈 기입장에 기록하도록 합니다. 그런데 아이가 저축한 세세한 내용을 모두 용돈 기입장에 적기는 어렵습니다. 칸의 크기가 부족하기 때문이죠. 우리 집 은행을 만들어서 저축 공부를 한다면 아이가 저축한 내역을 적을 수 있는 은행 장부를 하나 마련합니다. 아이가 저축한 내용을 자세히 확인할 수 있는 장부이죠.

아이가 만약 12주 만기, 이자율 10%인 엄마 은행에 20,000원을 저축했다면 아래와 같이 기록합니다.

저축할 때

① 아이의 용돈 기입장 기록

저축한 날짜를 적고 내용에는 '저축 가입' 또는 '정기예금 가입'을 적습니다. 그리고 뒤에 숫자를 적습니다. 이 숫자는 장부

날짜	내용	들어온 돈	나간 돈	남은 돈
1/1 (월)	저축 가입 ①		20,000원	0원

에 적힌 일련번호입니다. 마지막으로 나간 돈에 저축한 금액을 적고 남은 돈을 계산해 적습니다.

② 부모가 보관하는 은행 장부 기록

일련번호	목적	저축 기간	이자율	저축한 돈	저축한 날짜	만기 날짜	만기에 받는 이자	확인
①	에버랜드	12주	10%	20,000원	1/1 (월)	3/25 (월)	2,000원	

은행 장부의 일련번호는 아이가 저축한 내용에 차례대로 붙는 숫자입니다. 아이가 용돈 기입장에 적은 저축 가입 ①의 내용을 확인하려면 장부의 일련번호 ①번 저축 내용을 확인하면 됩니다. 은행 장부에 아이가 저축한 저축 기간, 이자율, 저축한 돈, 저축한 날짜를 차례로 적습니다. 만기 날짜는 달력에서 저축 기간만큼의 뒤가 되는 날짜로 저축한 날짜의 요일과 같은 요일이 됩니다. 만기에 받는 이자는 정해진 이자율에 따라 기록합니다.

만기가 되었다면

만기는 미리 정한 기한이 다 찼다는 뜻입니다. 아이들에게는 저축한 돈의 이자를 받을 수 있는 날로 설명합니다. 저축한 돈이 만기가 되었다면 아이의 용돈 기입장에는 아래와 같이 기록합니다.

① 아이의 용돈 기입장 기록

날짜	내용	들어온 돈	나간 돈	남은 돈
3/25 (월)	저축 만기 ①	22,000원		22,000원

'저축 만기 ①'과 같이 해당하는 저축의 일련번호를 적습니다. 그리고 들어온 돈에 맡긴 돈과 이자를 합친 금액을 적고 남은 돈을 계산합니다.

② 부모가 보관하는 은행 장부 기록

일련번호	목적	저축 기간	이자율	저축한 돈	저축한 날짜	만기 날짜	만기에 받는 이자	확인
①	에버랜드	12주	10%	20,000원	1/1 (월)	3/25 (월)	2,000원	만기

만기가 된 저축 상품의 내용을 적어 둔 은행 장부의 확인 칸

에 '만기'라고 기록합니다.

중도 해지를 한다면

중도 해지는 만기가 되기 전 내가 맡긴 돈을 찾는 것을 의미합니다. 실제 은행에서는 정해진 이자보다 훨씬 낮은 이자를 받지만, 우리 집 은행에서는 계산이 어렵기 때문에 이자를 받지 못하는 것으로 설정합니다.

① 아이의 용돈 기입장 기록

날짜	내용	들어온 돈	나간 돈	남은 돈
2/1 (목)	저축 ① 중도 해지	20,000원		20,000원

아이의 용돈 기입장에 '저축 ① 중도 해지'와 같이 중도 해지하는 저축의 일련번호를 적습니다. 그리고 들어온 돈에 맡긴 돈만큼의 금액을 적고 잔액을 계산합니다.

② 부모가 보관하는 은행 장부 기록

일련 번호	목적	저축 기간	이자 율	저축한 돈	저축한 날짜	만기 날짜	만기에 받는 이자	확인
①	에버 랜드	12주	10%	20,000 원	1/1 (월)	3/25 (월)	2,000원	중도 해지

중도 해지한 저축 상품의 내용을 적어 둔 은행 장부의 확인 칸에 '중도 해지'라고 기록합니다.

장부를 관리하지 않고 봉투를 활용할 수도 있습니다. 아이가 저축한 돈을 봉투에 넣고 봉투 겉면에 일련번호, 목적, 저축 기간, 이자율 등의 내용을 적는 거죠. 물론 장부와 봉투 두 가지를 모두 활용하는 것이 가장 좋습니다. 장부와 봉투를 모두 활용하면 봉투에는 저축 일련번호만 적어 두어도 됩니다.

저축 ① (에버랜드)	**저축 ⑤ (에버랜드)**	**저축 ⑥ (에버랜드)**
저축 기간: 12주 이자율: 10% 저축한 돈: 20,000원 저축한 날짜: 1/1(월) 만기 날짜: 3/25(월) 만기에 받는 이자 : 2,000원	저축 기간: 12주 이자율: 10% 저축한 돈: 10,000원 저축한 날짜: 1/15(월) 만기 날짜: 4/8(월) 만기에 받는 이자 : 1,000원	저축 기간: 12주 이자율: 10% 저축한 돈: 20,000원 저축한 날짜: 2/5(월) 만기 날짜: 4/29(월) 만기에 받는 이자 : 2,000원

봉투만 활용하는 경우

저축 ①	저축 ⑤	저축 ⑥

일련 번호	목적	저축 기간	이자율	저축한 돈	저축한 날짜	만기 날짜	만기에 받는 이자	확인
①	에버랜드	12주	10%	20,000원	1/1 (월)	3/25 (월)	2,000원	
⋮	⋮	⋮	⋮	⋮	⋮	⋮	⋮	⋮
⑤	에버랜드	12주	10%	10,000원	1/15 (월)	4/8 (월)	1,000원	
⑥	에버랜드	12주	10%	20,000원	2/5 (월)	4/29 (월)	2,000원	

장부와 봉투 모두 활용하는 경우

이자는 쉽지만 이자율은 어려워

저축하면 이자를 받는다는 건 저학년 아이들도 잘 알고 있지만, 이자를 얼마나 받는지 아는 아이들은 많지 않습니다. 이자율은 내가 맡긴 원금에 대해 받게 될 이자의 비율이라는 수학적 개념이 필요합니다. 어른들 입장에서는 단순한 계산일지 모르겠으나 아이들에게도 쉬운 개념인지는 생각해 보아야 합니다.

중학년까지는 액수로 제시

이자 계산을 위해 필요한 '백분율'이라는 수학 개념은 초등학교 6학년 1학기에 배우는 내용입니다(2015 개정 교육 과정 기준). 초등학교 교육 과정은 아동의 발달 수준에 따라 마련된 것이므로 가정에서도 이를 고려하여 지도하는 게 좋습니다. 백분율의 단위인 '퍼센트(%)'라는 용어 자체는 일상생활에서 자주 접

엄마 은행
12주 만기, 이자율 10%
(10,000원 저축하면 12주 뒤에 이자 1,000원을 줍니다)

아빠 은행
18주 만기, 이자율 15%
(10,000원 저축하면 18주 뒤에 이자 1,500원을 줍니다)

할머니 은행
36주 만기, 이자율 30%
(10,000원 저축하면 36주 뒤에 이자 3,000원을 줍니다)

하는 단어이기 때문에 익숙할지 모르겠으나 백분율의 개념을 아직 명확하게 배우지 않은 상태에서 무리해서 사용할 필요는 없습니다. 중학년 아이는 이자율 옆에 내가 받게 될 이자를 금액으로 추가 제시해 주는 것이 좋습니다. 이자 계산에 머리 아파하며 저축을 귀찮고 어려운 것으로 생각하지 않도록 말이죠.

이렇게 기준이 되는 금액과 이자를 적어 두고 더 많은 돈을 저축할 때는 곱셈을 사용해 계산합니다. '엄마 은행에 10,000원을 저축하면 12주 뒤에 이자 1,000원을 받는다. 그런데 20,000원을 저축하면 맡긴 돈이 두 배이기 때문에 이자도 두 배인 2,000원을 받는다. 10,000원의 다섯 배인 50,000원을 저축하면 10,000원을 맡겼을 때 이자인 1,000원의 다섯 배인 5,000원을 이자로 받는다.' 이렇게 기준을 두고 곱셈을 통해 이자를 스스로 계산할 수 있도록 합니다. 저축할 때는 기본 단위를 1,000원 또는 10,000원으로 해주는 게 좋습니다. 1,500원과 같이 애매한 숫자를 저축하면 아이가 스스로 이자 계산을 하기가 어려워집니다. 1,000원, 10,000원을 기준으로 했을 때 받는 이자를 알려 주면 아이들은 어렵지 않게 이자 계산을 할 수 있습니다.

고학년부터는 비율로 제시

아이가 백분율의 개념을 배우고 이해했다면 스스로 이자를 계산해 보도록 비율로 이자율을 제시합니다. 그리고 이자율 계산을 위해 계산기를 써도 된다는 것과, 이자율에 따라 얼마의 이자를 받는지 계산기로 계산하는 방법을 알려 줍니다. 처음에는 계산 방법을 어려워하겠지만 익숙해지면 혼자서도 이자 계산을 척척 해내는 아이의 모습을 볼 수 있습니다.

원금(저축한 돈)×0.□□ = 내가 받게 될 이자 * □□ 안에는 이자율을 입력 예) 이자율이 10%라면 원금×0.10 이자율이 15%라면 원금×0.15

계산기로 이자 계산하는 법

돈은 수로 나타내기 때문에 수학과 관계가 깊습니다. 하지만 아이가 이자율을 보고도 이자 계산을 하지 못한다고 답답함을 느끼거나 조바심을 낼 필요는 없습니다. 아이가 잘하지 못하는 것을 할 수 있게 만들어 주는 것이 교육이고 부모가 해야 하는 역할입니다.

무엇을 위해 저축할까?

저축 목표는 눈에 보여야 한다

저축을 할 때 흔히 하는 실수가 있습니다. 바로 이런 생각으로 저축하는 거죠.

'저축을 해야 하니까 그냥 한다.'

아이뿐만 아니라 어른도 많이 하는 실수입니다. 바로 목적 없이 저축하는 거죠. 목적 없는 저축은 문제를 일으킵니다. 목적이 없기 때문에 만기가 되었을 때 무계획적인 소비를 하게 될 위험이 큽니다. 만기가 되면 꽤 큰돈을 손에 쥐게 됩니다. 그 돈으로 살 수 있는 비싼 물건들이 눈에 들어옵니다. '돈이 있으니 살 수 있겠다' 하는 생각이 듭니다. 나쁜 소비인 충동 소비를 하는 거죠. 물론 처음부터 해당 저축의 목적 자체가 그 물건을 사기 위한 것이었다면 상관없습니다. 하지만 100만 원을 갖게 된 김에 눈에 들어온 A라는 물건을 사는 것과 A라는 물건을 사기 위해 100만 원을 저축해 온 것은 엄연히 차이가 있습니다.

목적 없는 저축은 소비를 위한 곳에 쓰일 확률을 높입니다. 어른도 그렇게 흔들리는데 아이는 평생 가져 본 적 없는 큰돈을 손에 쥐었을 때 나쁜 소비인 충동, 모방, 과시 소비를 하게 될 위험이 더 큽니다.

아이가 저축할 때는 반드시 목적을 정하고, 정한 목적을 시각화해야 합니다. 시각화란 목적을 언제든 눈으로 볼 수 있게 만드는 것입니다. 아이가 저축하는 저금통, 봉투, 통장 등에 큰 글씨로 저축하는 이유와 목표 금액을 적어 둡니다.

저축의 목적을 소비를 위한 저축, 소득을 위한 저축으로 구분 지어 놓고 만기가 되었을 때 미리 정해 둔 목적에 따라 사용할 수 있도록 합니다.

새 휴대 전화 사기 (100만 원)	아이돌 콘서트 (15만 원)

소비를 위한 저축 목적 예시

투자할 돈 (10만 원)	목돈 만들기 (100만 원)

소득을 위한 저축 목적 예시

우리 아이 저축 목적 만들기

저축의 목적을 만들기 위해 아이에게 가장 하고 싶은 것 10가지를 적어 보라고 합니다. 그중에 돈이 필요한 것들은 정확히 어느 정도의 금액이 필요한지를 이야기해 줍니다. 아이가 스스로 찾아볼 수 있는 것이라면 마트에서 금액을 직접 확인하도록 하거나 인터넷으로 가격을 찾아보도록 합니다.

만약 아이가 '에버랜드에서 하루 종일 놀기'라고 적었다고 생각해 보겠습니다. 에버랜드 홈페이지나 여러 후기를 통해 에버랜드에서 필요한 금액을 찾을 수 있습니다. 아이와 함께 정리하거나 스스로 찾아보도록 한 뒤 필요한 총액을 확인하고 이 금액을 목표로 하는 저축용 통을 하나 만듭니다. 그리고 아이가 우리 집 은행에 저축하는 금액은 일련번호마다 봉투로 만들어 통 안에 넣어 보관합니다.

아이가 목적을 구체적으로 설정하기 어려워한다면 '금액'으로 목적을 정하는 것도 한 가지 방법입니다. 100만 원 만들기, 500만 원 만들기처럼 목돈 마련을 저축의 목표로 삼는 거죠. 단, 목돈을 목적으로 정한 돈은 소비를 위해서가 아닌 소득을 위해서, 즉 '새로운 저축으로 이자 받기', '투자 자본금으로 사용하기' 등에 사용해야 합니다. 이때 목돈이 가진 힘을 아이들에게 설명해 주는 것도 좋습니다. 내가 가진 돈으로 50,000원의

저축 목표가 정해졌다면 투명한 통을 하나 준비한다.

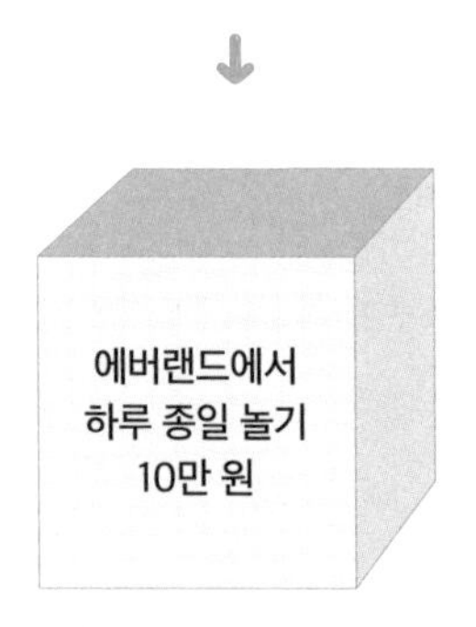

통에 저축 목적과 목표 금액을 적는다.

저축 ① (에버랜드)	**저축 ⑤ (에버랜드)**	**저축 ⑥ (에버랜드)**
저축 기간: 12주 이자율: 10% 저축한 돈: 20,000원 저축한 날짜: 1/1(월) 만기 날짜: 3/25(월) 만기에 받는 이자 : 2,000원	저축 기간: 12주 이자율: 10% 저축한 돈: 10,000원 저축한 날짜: 1/15(월) 만기 날짜: 4/8(월) 만기에 받는 이자 : 1,000원	저축 기간: 12주 이자율: 10% 저축한 돈: 20,000원 저축한 날짜: 2/5(월) 만기 날짜: 4/29(월) 만기에 받는 이자 : 2,000원

우리 집 은행에 저축한 돈은 봉투에 넣어 투명 통에 보관한다.

돈을 얻고 싶다면 내가 저축 또는 투자를 통해 얻어야 하는 수익률이 달라집니다. 목돈을 만드는 것은 높은 수익률을 얻는 것보다 수월한 일일 수 있습니다.

받고 싶은 이자	원금	필요한 수익률
50,000원	10만 원	50%
	50만 원	10%
	100만 원	5%
	1000만 원	0.5%

사회 초년생이 본격적인 돈 관리를 위해 첫 번째 가져야 할 목표로 많이 꼽는 것이 1000만 원 만들기, 1억 만들기입니다. 저축의 목적 중 하나인 목돈을 만드는 거죠. 대부분의 사람이 사회에 발을 내디딘 이후부터 모으기 시작하는 목돈을 어린 시절부터 목적 있는 저축으로 돈을 모아 놓으면 사회에 나갈 때쯤에는 이미 목돈을 손에 쥐고 시작할 수 있습니다. 그리고 스스로 모은 목돈은 부모가 그냥 건네준 목돈과는 비교할 수 없는 힘을 갖고 있습니다.

저축하는 액수가 늘어난다면 그냥 집에 두는 것보다는 은행에 저축해서 은행에서 주는 이자를 받는 것이 좋습니다. 은행에 저축한다면 통장의 표지에 저축하는 목적을 적은 포스트잇을 붙여 목적을 시각화합니다. 은행의 통장 역시 모바일 통장보다는 은행 창구에서 종이 통장을 발급받아 아이가 관리하도록 하고, ATM에서 통장 정리를 스스로 하며 자연스레 은행이라는 환경에 노출되도록 합니다.

우리 집 은행에도 금리가 있다

이자율은 변한다

✓ 부모가 알아야 할 경제 개념 체크

돈을 빌렸다면 당연히 돈을 빌린 대가인 이자를 지불해야 합니다. 하지만 돈을 빌려주는 사람이 터무니없는 이자를 요구한다면 돈을 빌린 사람이 피해를 볼 수도 있습니다. 그래서 나라에서는 '법정 이자율'을 정해 받을 수 있는 이자의 상한선을 정해두고 있습니다. 우리나라의 법정 이자율은 20%입니다. 20% 이상 이자를 받을 수 없다는 것이죠. 그리고 여기서 유의해야 할 점은 법정 이자율의 기준은 '연' 이자율, 즉 1년에 받을 수 있는 최대 이자가 20%라는 것입니다.

금리는 경제에 아주 큰 영향을 미칩니다. 하지만 아이에게 이러한 원리를 알려 주기 전에 해야 할 것이 있습니다. 바로 금리가 변화한다는 사실을 알려 주고, 금리 변화에 관심을 갖게 하는 거죠. 하지만 말하는 것만으로는 아이가 금리 변화에 관심을 갖기 어렵습니다. 우리 집 은행을 만들었다면 아이가 금리 변화에 관심을 갖게 하는 것이 수월해집니다. 실제 한국은행의 기준 금리가 우리 집 은행의 이자율에도 영향을 미치도록 하는 것이죠. 한국은행의 기준 금리가 높아지면 우리 집 저축의 이자율도 높아지고, 반대로 기준 금리가 낮아지면 우리 집 저축의 이자율도 낮아집니다. 금리의 변동은 내가 받는 이자의 액수가 달라지는 단순한 요인이 아닙니다. 하지만 아이가 스스로 '기준 금리'라는 단어를 인터넷에서 검색하도록 하는 것만으로도 돈 공부의 첫걸음은 성공적입니다.

대한민국의 기준 금리는 지난 10여 년간 0~5%대에서 움직이고 있습니다. 여기에 부모가 가산 금리를 정해 기준 금리가 달라짐에 따라 우리 집의 금리도 달라지도록 설정합니다. 만약 기준 금리에 8%p 정도를 더해 우리 집 기준 금리로 삼기로 했다면, 대한민국 기준 금리가 3%일 때 우리 집 금리는 11%가 되고, 대한민국 기준 금리가 1%일 때 우리 집 금리는 9%가 됩니다. 금리의 변동을 더 크게 하고 싶다면 기준 금리의 2배 또는 3배와 같은 식으로 우리 집 은행 금리를 정해도 됩니다.

어느 은행의 상품이 이자를 가장 많이 줄까?

엄마 은행: 12주 만기, 이자율 10%
아빠 은행: 18주 만기, 이자율 15%
할머니 은행: 36주 만기, 이자율 30%

아이들에게 세 가지 선택지를 제시하면 어떤 선택을 할까요? 아마 대부분의 아이는 세 경우의 이자가 모두 같다고 생각할 겁니다. 그래서 별다른 고민을 하지 않고 은행을 선택합니다. 하지만 자세히 들여다보면 그렇지 않다는 것을 알 수 있습니다.

아이에게 이 사실을 먼저 알려 줄 필요는 없습니다. 우선 자신이 선택한 대로 저축을 하도록 놔둡니다. 그리고 아이가 저축 만기를 몇 번 경험한 후 사실을 알려 줍니다.

"사실 OO이가 손해를 보고 있었어."

할머니 은행에 10,000원을 저축했다면, 36주 뒤에 이자 3,000원을 받습니다. 하지만 엄마 은행에 10,000원을 저축했다면, 12주 뒤에 이자 1,000원을 받습니다. 그럼 11,000원을 다시 저축할 수 있습니다. 11,000원을 맡기면 12주 뒤에 이자 1,100원을 받습니다. 그럼 12,100원을 다시 저축할 수 있습니다. 12,100원을 맡기면 12주 뒤에 이자 1,210원을 받습니다.

10,000원이 13,310원이 되었습니다. 할머니 은행보다 이자가 310원이 많습니다. 10,000원을 맡겼는데 이자 차이가 310원이 납니다. 10만 원이었다면 3,100원, 100만 원이었다면 31,000원, 1000만 원이었다면 31만 원의 이자 차이가 나죠. 이렇게 그동안 이자에 대해 제대로 생각하지 않아 손해를 보고 있었다는 사실을 깨닫게 되면 아이는 이자를 더 꼼꼼히 따져볼 것입니다.

내가 만드는 복리 상품

부모가 알아야 할 경제 개념 체크

이자를 매기는 방법은 크게 두 가지가 있습니다. 바로 단리와 복리입니다. 단리란 원금에만 붙이는 이자입니다. 100만 원을 연이율 10%의 3년 만기인 단리 예금 상품에 저축했다면 3년 뒤 받게 되는 이자는 30만 원입니다. 매년 100만 원의 10%인 10만 원을 이자로 받기 때문이죠.

반면 복리는 받은 이자까지 원금으로 쳐서 이자를 구하는 방법입니다. 100만 원을 연이율 10%의 3년 만기인 복리 예금 상품에 저축했다면 3년 뒤 받게 되는 이자는 33만 1천 원입니다. 1년이 지난 뒤 100만 원의 10%인 10만 원을 이자로 받고 다시 1년 뒤에는 110만 원(100만 원+10만 원)의 10%인 11만 원을 이자로 받습니다. 다시 1년 뒤에는 121만 원(100만 원+10만 원+11만 원)의 10%인 12만 1천 원을 이자로 받게 됩니다. 저축할 때는 나머지 조건이 같다면 복리 상품을, 대출을 받을 때는 나머지 조건이 같다면 단리 상품을 선택하는 것이 좋습니다.

사실 앞에서 이야기한 할머니 은행과 엄마 은행의 차이는 단리 상품과 복리 상품의 차이입니다. 단리와 복리는 이자에 대해 이야기할 때 꼭 함께합니다. 복리의 마법이라는 말도 있죠. 이자율이 같다면 당연히 복리 상품이 단리 상품보다 이자를 많이 받습니다. 고민할 것도 없이 복리 상품을 골라야죠. 하지만 복리 저축 상품을 찾기가 어렵습니다.

앞에서 이야기한 엄마 은행과 할머니 은행 사례에서는 받은 이자를 다시 저축했기 때문에 차이가 생깁니다. 즉, 내가 받은 이자를 다시 저축하면 복리 상품과 똑같은 효과가 생기는 거죠. 흔히 만기가 되면 어른도 받은 이자를 마치 공짜 돈처럼 생각해서 쉽게 써버리기 십상입니다. 아이도 마찬가지죠. 하지만 이자까지 다시 저축하는 행동이 스스로 복리 상품을 만드는 것과 똑같은 효과인 것을 안다면 아이는 자신에게 더 이득이 되는 선택지를 고를 겁니다.

5장

투자: 더 나은 미래를 위해 돈을 불리는 일

초등 아이에게도 투자 교육이 필요할까?

투자가 우선순위는 아니다

투자가 필수인 시대에 살고 있다 해도 과언이 아닙니다. 주식, 부동산은 물론이고 금, 외환, 암호 화폐 등 투자처도 다양합니다.

투자는 개인의 돈 관리에서 중요한 역할을 합니다. 특히 요즘처럼 물가 상승률이 높을 때는 더욱 그러합니다. 아무리 월급이 올라도, 저축해서 이자를 받아도 그 속도가 물가가 오르는 속도를 따라잡지 못한다면 실제로는 내 월급이나 내 재산이 줄어드는 것과 같기 때문이죠. 그래서 아이에게도 투자 교육이 필요합니다. 하지만 투자는 많은 위험성을 갖고 있기에 잘 가르쳐야 합니다.

개인적으로는 돈을 벌고(근로소득), 돈을 쓰고(소비), 돈을 모으는(저축) 세 가지 활동을 '초등학생 돈 공부'의 기본 활동으로 생각합니다. 그래서 교실에서 아이들과 돈에 대해 공부할 때도 직업을 갖고 돈을 버는 활동, 돈을 쓰는 활동, 돈을 모으는 활동, 이 세 가지 활동을 학년을 시작하는 3월에 도입하고 두세 달은 이 활동만 가지고 운영합니다. 아이들이 몇 번의 만기를 경험하고 저축 습관을 형성한 뒤인 5월 말~6월 초에 들어서면 다음 활동인 투자 활동을 시작합니다. 투자도 꼭 배워야 할 내용이라는 것에는 동의합니다. 하지만 무리해서 처음부터 해야 하는 돈 공부 내용은 아니라고 생각합니다. 스스로 돈을 벌어 돈에 대한 가치를 직접 느껴 보고 바른 소비를 하며 저축 습관이 형성된 이후에 하더라도 전혀 늦지 않습니다. 오히려 이때 투자를 배워야 더 잘 배울 수 있습니다.

일을 해서 돈을 벌어 보지 못하고 투자로만 돈을 번다면 돈의 무게를 가볍게 여길 것이고, 저축 습관이 형성되지 않은 채 투자를 배운다면 무리한 투자, 너무 큰 위험을 안는 투자를 하거나 모은 돈으로 투자하지 않고 무리한 빚을 내어 투자하게 될 수 있습니다.

그래서 투자 공부는 기본 돈 관리 습관을 형성한 후 시작하는 게 바람직합니다. 기본적인 습관이 형성되지 않은 채 투자부터 가르치거나 다른 것들은 모두 제쳐둔 채 투자만 가르치는 돈 공부는 피해야 합니다. 기본이 잡힌 채로 투자 공부를 시작해야 혹여나 투자에 실패하더라도 다시 일어설 힘을 가질 수 있습니다.

"아이에게 주식 계좌를 만들어 줘도 될까요?"

아이의 이름으로 주식 계좌를 개설하고 아이가 받은 명절 용돈 등을 계좌에 넣어 관리하는 부모님이 있습니다. 아이 이름의 계좌이고 아이 돈이 들어가 있습니다. 이 경우 우리 아이가 투자하고 있다고 오해하기 쉽습니다. 투자한 돈을 아이가 컸을 때 돌려줄 생각이라면 더욱 그러합니다. 이런 상황의 돈은 아이가 스스로 관리하는 게 아니기에 아이의 돈 공부와는 전혀 상관없는 돈입니다. 아이가 진짜 투자 공부를 하려면 다른 돈 공부와 마찬가지로 아이가 직접 관리하도록 해야 합니다.

물론 부모님의 마음이 이해되지 않는 것은 아닙니다. 혹시 아이가 스스로 투자했다가 큰 손해를 보면 어쩌나 걱정이 되겠지요. 하지만 돈 공부에서 성공의 경험만큼이나 중요한 것이 실패의 경험입니다. 투자도 실패를 통해 배울 기회를 아이에게 충분히 제공해야 합니다.

아이와 집에서 어떤 투자 활동을 해 볼까?

실전 투자는 위험해

초등학생도 주식 계좌를 만들 수 있습니다. 실제로 주식 계좌를 만들어 주식 투자를 하는 아이들이 있습니다. 그런데 그 아이들이 정말 주식 투자를 제대로 하는지 살펴보면 그렇지 않다는 것을 바로 알 수 있습니다.

'돈이 복사가 된다', '존버', '떡락/떡상했다', '가즈아'

실제로 교실에서 5, 6학년 아이들이 하는 말입니다. 주식 투자에 대한 올바른 이해를 갖고 투자를 하기보다는 인터넷에서 접하는 하나의 밈처럼 투자를 느끼고 있습니다. 특히, 불장이라고 불린 팬데믹 상황에서는 어떤 매체든 투자에 대해 이야기했습니다. 아이에게 주식을 사 줘야 한다는 이야기도 많이 들렸고, 실제로 미성년자의 주식 계좌 개설도 늘어났습니다.

어설프게 주식을 접하고 투자를 시작한 아이들은 제대로 된 이해 없이 숫자의 오르내림만 지켜봅니다. 투자를 도박처럼 하는 거죠. 주가는 어떻게 형성되고, 주주의 권리는 어떤 것들이 있는지는 중요하지 않습니다. 수익을 얻을 때 나오는 도파민으로 느낀 짜릿함만이 남아 있을 뿐입니다.

무엇보다 실제로 아이들이 직접 할 수 있는 투자인 주식 투자의 경우 어른들도 투자에 실패해 손해를 보는 경우가 허다합니다. 일반인들뿐만 아니라 주식 전문가들의 예상도 빗나가는 경우가 많죠. 전문가도 제대로 분석하기 어려운 것을 이제 막 돈 공부를 시작하는 아이에게 그대로 가져오는 것은 다소 무리한 일일 수 있습니다.

저축으로 투자 설명하기

초등학생 아이가 투자를 배울 때 가장 먼저 알아야 하는 것은 투자의 종류나 주식 투자 방법이 아닙니다. 처음 투자를 배울 때는 투자라는 것이 무엇인지 이해하도록 투자의 개념을 알려 주어야 합니다. 투자는 저축과 비교하여 설명하는 것이 좋습니다. 돈 공부의 순서를 제대로 밟아 가고 있다면 이미 아이는 저축을 배우고 이해하고 실천하고 있을 테니까요.

아이에게 어떠한 개념을 알려 줄 때, 아이가 이미 알고 있는 개념과 비교해 알려 주는 것이 효과적입니다. 두 개념은 공통점과 차이점을 모두 갖고 있어야 합니다. '배'라는 과일을 아이에게 소개해 주고 싶다면 아이가 이미 알고 있는 '사과'를 이용하는 것처럼 말이죠.

"배는 사과처럼 나무에 열리는 과일이야. 그런데 배는 사과와 달리 갈색 껍질을 갖고 있어. 그리고 사과와 달리 신맛은 거의 없고 단맛이 많이 나."

저축과 투자는 모두 돈으로 돈을 버는 '자본소득(금융 또는 재산소득)'이라는 공통점을 갖고 있습니다. 저축을 알고 있는 아이에게는 이렇게 이야기합니다.

"투자는 저축처럼 내가 가진 돈으로 돈을 버는 방법이야. 그런데 투자는 저축보다 훨씬 많은 돈을 벌 방법이야. 대신 손해를 볼 수도 있어."

이 말을 그림으로 나타내면 다음과 같습니다.

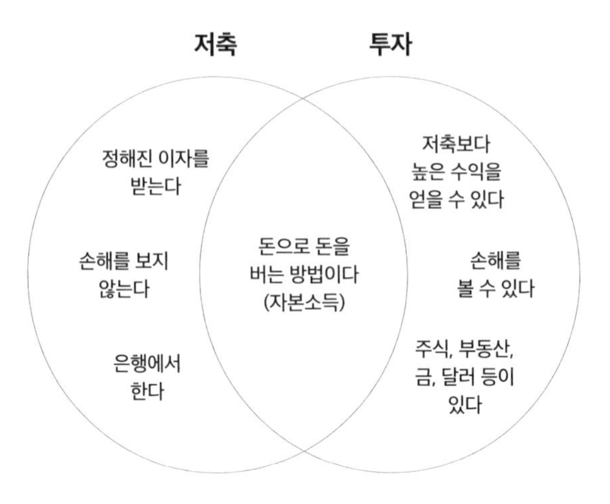

저축과 투자의 비교

저축과 투자의 가장 큰 차이점은 바로 이것입니다.

'투자는 저축보다 더 큰 수익을 얻을 수 있다. 하지만 투자는 저축과 달리 손해를 볼 수도 있다.'

결국 아이에게 투자에 대해 처음 알려 주어야 할 것은 큰 수익과 손해의 가능성입니다. 그리고 손해 볼 가능성은 낮추고 큰 수익을 얻으려면 어떻게 해야 하는지 알려 주어야 합니다.

투자는 '무조건 돈을 벌어다 준다'도, 투자는 '위험하니 해서는 안 된다'를 알려 주는 것도 아닙니다.

아이 눈높이에 맞는 투자 상품 만들기

사실 아이에게 '배'라는 과일이 무엇인지 설명할 때 가장 효과적인 방법은 따로 있습니다.

"이게 배란다. 한번 만져 보고 먹어도 보렴."

아이가 스스로 배를 만지며 촉감과 냄새, 맛을 느낀다면 배가 무엇인지 확실히 알 수 있습니다. 투자도 마찬가지로 말로 설명해 주는 것에서 그치지 않고 직접 경험할 수 있도록 하는 게 좋습니다. 하지만 실제 투자의 대상은 이제 막 투자를 배우기 시작한 아이들에게 너무 어렵습니다. 그래서 실제 투자의 대상을 아이들에게 그대로 가져오는 것보다 아이들 눈높이에 맞춘 투자 상품을 새롭게 구성해 줄 필요가 있습니다. 투자는 변동하는 수치에 따라 수익과 손해가 결정되므로 어떠한 숫자를 가져와서 투자 상품을 만들어야 합니다. 투자 상품을 만들 수 있는 숫자는 다음과 같은 조건을 만족해야 합니다.

① 아이에게 익숙한 숫자여야 한다

우리 집 투자 상품을 만들려면 아이에게 익숙한 숫자를 사용해야 합니다. 우리 아이 수준에서 이해하기도 접근하기도 어려운 숫자를 가져온다면 아이는 흥미를 느끼지 못할 것입니다.

② 오르락내리락을 반복한다

투자 상품을 만들려면 숫자가 오르내림을 반복해야 합니다. 무조건 올라가기만 하는 숫자, 무조건 내려가기만 하는 숫자는 투자 활동에 사용하기 어렵습니다. 무조건 올라가기만 하는 숫자는 투자에서 손해를 배울 수 없고, 무조건 내려가기만 하는 숫자는 수익을 얻을 수 없습니다. '우리 아이의 키'와 같은 투자 상품이라면 키는 커지기만 하므로 손해라는 개념을 배울 수 없습니다.

③ 변동하는 숫자를 예측할 수 있는 정보를 주어야 한다

오르락내리락하는 숫자가 어떻게 변화할지 분석할 수 있는 정보를 줄 수 있어야 합니다. 예측할 수 있는 정보가 없는 숫자라면 운에 맡길 수밖에 없기 때문에 투자를 복권이나 도박처럼 하게 됩니다.

④ 변수가 있어 예상이 틀리는 경우가 있어야 한다

'오늘의 기온 그래프'를 투자 상품으로 만든다면 앞의 1, 2, 3번의 조건을 모두 만족합니다. 아이에게 익숙하고, 오르내림을 반복하며, 일기 예보 등에서 정보를 얻을 수 있죠. 하지만 1월에 투자하고 8월에 투자한 돈을 찾는다면 손해를 보지 않고 무조건 수익을 얻을 수 있습니다. 변수가 부족한 숫자이죠. 몇

가지 변수가 있어서 예측이 빗나가기도 하는 숫자여야 합니다.

⑤ 꺾은선 그래프로 그릴 수 있어야 한다

투자 상품으로 만들 숫자는 '연속성'을 갖고 있어야 합니다. 하루는 0이었다 하루는 100이 되기도 하고 또 다음날 다시 0이 되는 숫자는 바람직하지 않습니다.

⑥ 아이가 조작할 수 없어야 한다

투자 상품으로 만들 숫자에 아이가 미치는 영향이 적거나 없어야 합니다. 아이가 스스로 조절할 수 있는 숫자라면 투자의 수익과 손해를 아이가 결정해 버릴 수 있습니다.

앞에서 이야기한 6가지 조건을 모두 만족하는 숫자여야 우리 집 투자 상품을 만들 수 있습니다. 생각보다 조건을 모두 만족하는 숫자가 그리 많지는 않습니다. 하지만 전혀 없는 것도 아닙니다. 바로 이 숫자가 조건을 모두 만족합니다.

'몸무게'

몸무게는 아이들에게 익숙하고, 오르내림을 반복합니다. 또 몸무게가 어떻게 변할지에 대한 정보도 줄 수 있습니다. 평소

식사량을 살펴보거나 먹는 음식을 살펴볼 수 있죠. 하지만 요요 현상, 배탈 등 변수도 존재합니다. 꺾은선 그래프로 그릴 수 있고, 자신의 몸무게가 아닌 이상 아이가 미치는 영향이 크지 않습니다.

우리 집 투자 상품 만들기

엄마, 아빠 몸무게 투자 상품

추석을 앞둔 어느날이었습니다. 아이 중 몇몇이 다가오더니 저에게 질문합니다.

"선생님, 추석 때 할머니 댁에 놀러 가세요?"

그래서 '그렇다'라고 대답했습니다. 그리고 그게 왜 궁금하냐고 물어보았죠. 그러자 한 아이가 말합니다.

"할머니 댁에 가면 음식을 많이 먹어서 살이 찔 거잖아요."

— 〈세금 내는 아이들〉 에피소드 중

교실에서 '선생님 몸무게'라는 투자 상품을 만들어 운영했습니다. 선생님의 몸무게를 가져오다 보니 아이들의 흥미도가 높고 참여도도 높았습니다. 집에서 운영한다면 아빠 몸무게, 엄마 몸무게와 같은 식으로 투자 상품을 만들고 매일 정해진 시간에 몸무게를 재어 표나 그래프로 그립니다. 꺾은선 그래프는 4학년 수학 시간에 배우니 아이가 4학년 이상이라면 직접 기록하고 그리도록 합니다.

수익은 어떻게 계산할까?

몸무게를 투자 상품으로 사용할 때 문제가 하나 있습니다. 몸무게 변화는 실제 비율로 따졌을 때 그 변동이 크지 않다는 겁니다. 60kg인 사람의 몸무게가 6kg 변했다면 굉장히 큰 변화인데도 백분율로 따지면 10%입니다. 엄청난 몸무게의 변화이지만 우리 집 은행의 이자를 10%로 해 두었을 경우 크게 차이가 없습니다. 손해를 볼 수 있는 위험을 안고 투자 활동에 참여할 이유가 부족해지죠. 게다가 백분율을 배우지 않은 5학년 아이들도 활동에 참여했기에 어려운 백분율 계산은 빼고 아래와 같이 단순화했습니다.

'0.1kg = 1%'

내가 투자했을 때의 몸무게와 비교해서 0.1kg이 쪘다면 1%의 수익을 얻는 것이고, 내가 투자했을 때의 몸무게와 비교해서 0.1kg이 빠졌다면 1%의 손해를 보는 겁니다. 이렇게 설정해 두면 6kg의 몸무게 변화는 60%라는 수익(또는 손해)으로 계산됩니다.

<table>
<tr><td rowspan="2">65kg일 때 투자했는데</td><td>66.2kg이 됐다면</td><td>1.2kg이 늘었으니 12% 수익</td></tr>
<tr><td>63.9kg이 됐다면</td><td>1.1kg이 빠졌으니 11% 손해</td></tr>
</table>

몸무게 투자 수익 계산하는 법 예시

수익률에 따라 내가 얻은 수익을 계산하는 것도 계산기로 이자를 계산하는 방법과 똑같습니다. 아이가 직접 수익을 계산하며 수익률 계산에 익숙해지도록 합니다. 계산기로 계산을 직접 할 수 없는 아이라면 투자하는 돈을 1,000의 배수나 10,000의 배수로만 할 수 있도록 정해 두는 것이 좋습니다. 1,000원의 1%가 얼마인지 알려 준다면 아이는 곱셈과 덧셈만으로 수익을 계산할 수 있습니다. 처음에는 어려워하는 아이도 있을 테니 부모가 차근히 설명하고 옆에서 도와주며 차차 스스로 계산할 수 있도록 합니다.

"1,000원의 1%는 10원이고, 1,000원의 2%는 20원이야. 그럼 1,000원의 7%는 얼마일까?"

"1,000원의 12%는 120원이야. 그럼 5,000원의 12%는 얼마일까?"

투자 내용을 기록으로 남기는 법

아이가 투자한 내용은 기록으로 남겨 둡니다. 그래야 투자한 시기, 금액, 수익률 등을 정확하게 파악할 수 있습니다. 기록은 장부를 만들어 기록하는 방법과 증권을 발행하는 방법이 있습니다.

1. 장부 만들어 기록하기

아이가 투자한 내용은 장부를 만들어 기록할 수 있습니다. 우리 집 은행 장부를 만들어 기록한 것과 같은 방법입니다.

① 투자할 때

날짜	내용	들어온 돈	나간 돈	남은 돈
4/12 (금)	투자 상품 ① 구매		10,000원	0원

아이의 용돈 기입장에 기록하기

아이의 용돈 기입장에 투자한 날짜를 적고 내용에는 '투자 상품 ① 구매'를 적습니다. ①이라는 숫자는 장부에 적힌 일련번호입니다. 투자한 돈의 액수만큼 나간 돈에 숫자를 적고 남은 돈을 계산합니다.

일련 번호	투자 상품	투자한 돈	산 날짜	살 때 수치	판 날짜	팔 때 수치	최종 수익률	돌려 받는 돈
①	엄마 몸무게	10,000 원	4/12 (금)	52.4kg				

부모가 보관하는 투자 장부에 기록하기

아이가 '엄마 몸무게' 상품에 투자하기로 했다면 투자할 금액을 부모에게 냅니다. 그리고 장부에 투자 상품의 종류를 적고 투자한 금액, 투자한 날짜(산 날짜) 그리고 오늘 엄마의 몸무게를 기록합니다. 장부는 언제든 아이도 볼 수 있도록 해서 자신이 투자한 내용을 수시로 확인하도록 합니다.

② 투자한 돈을 찾을 때

날짜	내용	들어온 돈	나간 돈	남은 돈
5/19 (일)	투자 상품 ① 판매	12,100원		12,100원

아이의 용돈 기입장에 기록하기

투자한 돈을 찾기로 했다면 아이의 용돈 기입장에 '투자 상품 ① 판매'를 기록합니다. 들어온 돈에는 투자 수식에 따라 받게 되는 돈을 기록하고 남은 돈을 계산합니다.

일련 번호	투자 상품	투자한 돈	산 날짜	살 때 수치	판 날짜	팔 때 수치	최종 수익률	돌려 받는 돈
①	엄마 몸무게	10,000원	4/12 (금)	52.4kg	5/19 (일)	54.5kg	+21%	12,100원

부모가 보관하는 투자 장부에 기록하기

장부에는 판 날짜와 엄마 몸무게를 기록합니다. 그리고 앞서 살펴본 몸무게 변화에 따른 수익률 계산 방법(0.1kg = 1%)에 따라 최종 수익률을 적고 돌려받을 돈도 계산합니다.

2. 증권 만들기

증권이란 재산상의 권리와 의무에 관한 사항을 기재한 문서입니다. 아이가 투자했다는 것을 증명할 수 있는 종이를 발급해주는 거죠. 장부에 적는 내용을 한 장의 종이에 적어 아이가 보관하도록 합니다. 그리고 투자 상품을 팔 때는 증권을 부모에게 내고 오늘의 수치에 따른 수익률을 계산해 돈을 받도록 합니다.

증권을 만들어 투자 활동을 하는 방법은 장부에 내용을 적는 것보다 투자의 시각화가 쉽다는 점과 스스로 보관하며 언제든 확인할 수 있다는 점이 장점입니다.

엄마 몸무게 투자 증권
구매한 사람: ○○○
투자한 돈: 10,000원
투자한 날짜: 4월 12일 금요일
엄마 몸무게: 52.4kg
엄마 ○○○ (인)

엄마 몸무게 투자 증권 예시

투자 정보 알려 주기

아이가 투자에 대한 결정을 내릴 수 있는 정보를 제공합니다. 만약 아빠 몸무게를 투자 상품으로 만들었다면 아빠 몸무게와 관련된 정보를 아이에게 제공합니다. '오늘은 아빠 회식이 있어.', '오늘부터 다이어트야.', '오늘 저녁은 치킨을 먹을 거야.' 등 일상생활 속에서 아이와 이야기를 나눕니다. 정보는 매일 줄 수도 있고 정보가 있을 때만 줄 수도 있습니다. 부모가 먼저 주는 정보, 아이가 스스로 살펴보며 알게 된 정보 등을 바탕으로 아이 스스로 분석하여 투자하도록 합니다.

우리 집 투자 상품으로 어떤 게 좋을까?

투자 상품은 하나만 마련하기보다는 여러 개(3개 이상)를 마련하는 것이 좋습니다. 하나만 만들면 투자 상품의 수익률이 낮아지는 특정 기간에 투자할 상품이 없기 때문이죠. 몸무게 투자 상품을 만든다면 아빠 몸무게와 엄마 몸무게 상품을 각각 만들 수 있습니다. 그 외에도 집에서 만들 수 있는 투자 상품의 예시는 다음과 같습니다.

① 우리 가족 전체 몸무게의 합(0.1kg = 1%)

아이의 몸무게는 아이가 성장하며 꾸준히 늘어납니다. 그래서 아이의 몸무게를 투자 상품으로 만드는 것은 적합하지 않습니다. 대신 아이의 몸무게를 포함한 우리 가족의 몸무게는 활용할 수 있습니다. 엄마와 아빠의 몸무게가 오르내림에 영향을 주고 아이의 몸무게는 계속 늘어나며 전체적으로 봤을 때는 우상향하는 투자 상품이 만들어집니다. 장기 투자처로써 활용하기 좋은 상품입니다. 또는 엄마와 아빠 몸무게의 합, 아빠와 아이 몸무게의 합처럼 몇몇 수치를 묶은 상품을 만들 수도 있습니다.

② 우리 가족이 좋아하는 프로그램의 시청률(시청률 0.1% = 1%)

가족들이 함께 보는 TV 프로그램이 있다면 해당 프로그램의 시청률을 투자 상품으로 만들 수 있습니다. 다양한 프로그램이 존재하므로 한번에 여러 상품을 만들 수 있습니다. 예능 프로그램은 대체로 시청률 편차가 심하지 않으나 출연자 등에 따라 시청률이 영향을 받으므로 아이들이 해당 정보를 활용할 수 있습니다. TV 프로그램 중 드라마의 경우 드라마의 완성도 등에 따라 첫 회 시청률과 마지막 회 시청률이 큰 차이를 보이므로 활용하기 가장 좋습니다. 아이는 드라마를 직접 보고 든 생각, 언론의 반응 등을 고려해 정보를 분석할 수 있습니다. 아이와 함께 드라마를 챙겨 보는 집이라면 추천하는 투자 상품입니다.

③ 휘발유와 경유 가격(실제 변동 비율 = 수익률)

집 근처나 아이가 자주 다니는 길 주변에 주유소가 있다면 해당 주유소의 휘발유, 경유 가격의 변화를 투자 상품으로 만들 수 있습니다. 실제로 휘발유, 경유의 가격은 원유 가격의 변동, 국제 정세, 세금 정책 등 다양한 요인에 의해 움직이며 경제에 큰 영향을 미치기 때문에 관련 정보를 얻기 위해 아이가 자연스레 뉴스를 찾아볼 수 있습니다.

휘발유의 변동은 실제 변동률을 수익률로 계산하는 것이 좋습니다. 백분율 계산은 네이버에서 '퍼센트 계산'이라고 검색해 나오는 계산기를 활용할 수 있습니다. 소수 단위는 버리고 자연수만 사용합니다.

계산기를 활용해 백분율 계산하기 예시

④ 채소, 과일 가격

휘발유와 비슷하게 마트에서 파는 채소나 과일의 가격으로 투자 상품을 만들 수도 있습니다. 일반 식품의 가격은 꾸준히 올라가는 경향을 보이므로 생산량 등에 따라 변동이 생기는 채소류를 투자 상품으로 만듭니다. 애호박 1개의 가격, 감자 100g의 가격 등과 같이 개수나 무게의 기준을 명확히 정하고, 같은 감자도 품종에 따라 가격 차이가 있으므로 같은 종류의 가격만 사용하도록 합니다. 계절에 따라 나오지 않는 수박 등의 채소나 과일은 피합니다. 채소는 소비자 물가에도 영향을 주는 요소이므로 아이가 물가 변동을 체감하는 데 도움이 됩니다.

⑤ 줄어들 때 수익을 얻는 상품

만약 부모님이 다이어트를 시작했다면 몸무게가 늘어나지 않을 가능성이 높습니다. 그런데 몸무게 투자 상품을 만들었다면 투자 상품은 존재하지만, 아이가 투자하지 않는 상품이 되어

버립니다. 이 문제는 몸무게가 줄어들면 수익을 얻는 상품을 만들어 해결할 수 있습니다. 몸무게 투자 상품에 투자할 때, 몸무게가 늘면 수익을 얻는 상품으로 할지, 몸무게가 줄면 수익을 얻는 상품으로 할지 선택할 수 있게 합니다. 부모님의 다이어트 동기 부여와 아이의 응원을 함께 얻길 바랍니다. 실제 주식 투자에서도 주가가 낮아지면 수익을 얻는 다양한 파생 상품이 존재합니다.

이외에도 앞서 말한 조건들을 만족하는 숫자라면 집에서 얼마든지 투자 활동에 활용할 수 있습니다. 집에서 아이와 놀이하듯 재미있는 투자 상품을 만들어 보길 바랍니다.

투자는 하루에 1분만

음원 사이트의 음원 순위를 투자 상품으로 만들어 아이들에게 소개했습니다. 순위 한 계단을 1%로 계산했습니다. 50위였던 노래에 투자했는데 40위가 된다면 10%의 수익을 얻는 상품이었죠. 음원 순위에 투자하는 활동을 시작한 첫날, 몇몇 아이들이 실제로 자기가 교실에서 번 돈을 투자했습니다. 그리고 그날 저녁 한 아이에게서 전화가 왔습니다.

"제가 투자한 노래 순위가 많이 올랐는데 지금 못 팔아요?"

—〈세금 내는 아이들〉 에피소드 중

전화를 받고 깜짝 놀랐습니다. 제가 구상한 음원 투자 상품은 하루에 한 번씩만 순위가 바뀌어야 하는데 말이죠. 허겁지겁 음원 사이트에 들어가서 음원 순위 차트를 확인했습니다. 제가 미처 확인하지 못한 글씨가 있었습니다.

'실시간 차트'

음원 사이트 첫 화면의 순위는 실시간 차트였던 겁니다. 실시간 차트는 한 시간 간격으로 24시간 내내 바뀝니다. 아마 전화를 한 아이는 수업이 끝나고 수시로 사이트를 새로 고침하며 순위 변동을 확인했을 겁니다. 아이를 투자 활동에 빠지게 만들어 일상생활에 지장을 줬구나 하는 생각에 아차 싶었습니다. 그래서 다음날 원래 제가 의도했던 대로 활동이 운영되도록 아이들에게 다시 안내했습니다.

'음원 차트는 일간 차트를 보고 투자한다.'

24시간에 한 번만 바뀌는 일간 차트로 투자 상품의 설정을 바꾸자, 그 뒤로 밤늦게 전화하는 아이는 없었습니다.

몸무게 투자를 포함한 다른 투자 상품도 마찬가지입니다. 하루에도 몸무게는 수시로 변하지만 하루에 몇 번씩 몸무게를 측정해 투자 수치가 변화한다면 아이는 시도 때도 없이 특히 밥을 먹고 난 직후 부모님을 체중계 위에 올리고 싶어 할 겁니다. 몸무게도 정해진 시간에 딱 한 번 측정하여 하루에 한 번만 숫자가 변하도록 하고, 투자 여부에 대한 고민도 하루에 한 번만 생각하도록 합니다.

교실에서의 다양한 투자 상품도 아이들이 아침 등교 후 정보를 한 번 보고 그 순간 결정하고 나면 크게 신경 쓸 것이 없습니다. 그렇지 않으면 아이는 변화하는 수치에서 빠져나오지 못할 수도 있습니다. 투자 공부도 중요하지만, 일상생활 속의 다른 중요한 것들을 다 내버려두고 할 만큼 중요하지는 않습니다. 어떠한 투자 상품이든 매일 정해진 시간에 수치의 변동을 확인하고 24시간 동안은 변화가 일어나지 않도록 합니다.

6장

신용과 대출: 나의 믿음 점수 관리하기

나는 얼마나
믿을 만한 사람일까?

신용을 모르는 채 사회에 첫발을 내딛는 아이들

은행에서 돈을 빌리거나 신용카드를 만드는 등 금융 활동을 할 때 필요한 것이 있습니다. 바로 신용 점수입니다. 신용 점수를 제대로 관리하지 않으면 여러 불이익이 발생합니다. 은행에서 빌릴 수 있는 돈의 액수가 적어지고 이자는 더 많이 내야 하는 거죠. 또, 신용 점수가 낮으면 신용카드 발급 등 금융 활동에 제약이 생깁니다. 그런데 많은 사람이 신용 점수에 대해 배우지 못하고 사회에 나오다 보니 신용 점수를 어떻게 관리하는지, 왜 관리해야 하는지 알지 못합니다. 심할 때는 신용 점수라는 것의 존재조차도 알지 못하죠.

자신의 소득 수준에서 감당할 수 없는 액수를 빌리는 바람에 사회에 첫발을 내딛는 순간부터 빚을 갚지 못해 허덕이게 된다면 20대를 통째로 빚에 시달리며 살게 될 위험이 있습니다. 신용카드 문제도 같은 선상에 있습니다. 카드 사용이 빚을 내는 행위라는 생각을 하지 못하는 사회 초년생이 많습니다. 쓸 줄만 알았지 이자를 내야 한다는 생각을 미처 하지 못한 거죠. 결국 많은 이자를 감당하지 못해 연체하거나 높은 이자를 내야 하는 리볼빙을 선택하며 악순환의 고리에 빠지게 됩니다.

이런 일을 예방하기 위해서라도 신용과 대출에 대해서 아이에게 가르쳐야 합니다. 하면 안 되는 것이니 가르치지 않는 것이 아니라 제대로 가르쳐서 어떤 문제가 생길 수 있는지를 알려 주어야 합니다.

우리 집 신용 점수 만들기

"지난주에 가입한 정기예금 중도 해지할래!"

한 아이가 교실 속 은행원 친구를 찾아왔습니다. 가입한 지 며칠 되지 않는 정기예금을 해지하기 위해서였습니다. 며칠 만에 왜 마음이 바뀌었는지 궁금해서 물었습니다.

"왜 가입하자마자 중도 해지를 하는 거야?"

그러자 아이가 대답했습니다.

"오늘 신용 등급이 올랐거든요. 지금 정기예금하면 이자를 더 많이 받을 수 있어요."

—〈세금 내는 아이들〉 에피소드 중

교실에서는 대출 활동을 운영하지 않습니다. 그 이유는 크게 두 가지입니다. 첫 번째는 가장 먼저 배워야 할 돈 공부가 있기 때문입니다. 처음 돈 공부를 시작했다면 소득, 소비, 저축을 배우고 습관을 형성해야 합니다. 그 이후 투자에 대해 제대로 이해하고 배우며 사업도 배우고, 실제로 사업체를 운영해 보는 경험을 하는 것으로 충분하다고 생각합니다. 무리해서 이것저것 다 넣으려다 보면 탈이 나기 마련이죠. 두 번째는 대출하기 전에 갖추어야 할 역량이 있기 때문입니다. 대출을 받기 이전에 스스로 돈을 벌어 보고 이 돈을 계획적으로 소비하고 저축하며 종잣돈이 될 목돈을 마련하는 것이 우선입니다. 이 경험 없이 성인이 된다면 돈을 벌어 보기도 전에 돈은 빌리면 그만이라는 위험한 생각을 갖게 될 수도 있습니다. 만약 1년 이상 아이들과 함께한다면 분명 대출에 대해서도 가르쳤겠지만, 교실이라는 환경적, 시간적 제약 때문에 초등학생 아이들에게 대출을 무리해서 도입하지는 않습니다.

하지만 신용 점수에 대해서는 일찌감치 가르쳐야겠다는 생각이 들었습니다. 신용 점수가 있다는 것, 신용 점수를 잘 관리해야 한다는 것을 알려 주어야 하기 때문이죠. 그런데 대출이 없는 상황에서의 신용 점수 공부는 몇몇 문제가 생길 수밖에 없습니다. 신용 점수의 관리는 돈을 빌리고 갚는 과정을 통해 할 수 있는데 신용 점수를 매길 만한 활동이 없습니다. 또 관리한 신용 점수는 크게 대출 가능 여부, 한도, 금리, 신용카드 발급 등 돈을 빌리는 과정에 영향을 주는데 역시 돈을 빌리는 활동이 없기 때문에 사용할 곳이 없습니다. 그래서 실제와는 조금 다른 활동으로 구성합니다. 신용 점수는 시간 약속과 연결 짓고, 신용 점수를 저축에 활용하는 거죠.

신뢰는 약속을 지키는 것

신용 점수는 돈을 빌린 후 제때 갚으면 높아지고, 제때 갚지 못하면 내려갑니다. 여기서 돈을 빌리고 갚는다는 내용을 빼면 한가지 요소가 남습니다.

'제때 했는가?'

신용이라는 것은 내가 얼마나 믿을 만한 사람인가를 나타내는 숫자이고, 믿음은 '약속'을 잘 지킬 때 높아집니다. 결국 돈을 빌리는 활동이 없는 상황에서는 '약속'으로 신용 점수를 만들 수 있다는 뜻입니다. 특히 시간과 관련된 약속은 '제때'라는 내용과 곧바로 연결되죠. 그래서 교실에서도 아이의 신용 점수를 산정하는 기준을 다음과 같이 정해 두었습니다.

'제출물 제출 여부, 지각 여부'

숙제나 가정 통신문 등을 제때 제출하면 신용 점수가 올라가고, 제때 내지 않으면 신용 점수가 내려갑니다. 지각도 마찬가지입니다. 시간에 맞춰 등교하면 신용 점수가 올라가고 지각을 하면 신용 점수가 내려갑니다.

집에서는 신용 점수에 영향을 주는 항목들을 부모님과 아이가 함께 정해 보길 바랍니다. 무엇이든 일방적으로 정해 통보하는 것보다는 아이에게 설명하고 이해시키며 함께하는 과정이 필요합니다. 그리고 정해진 내용들은 시각화하여 아이가 하나의 규칙으로서 인지하며 언제든 볼 수 있도록 합니다. 집에서 신용 점수를 산정하는 데는 다음과 같은 것들을 활용할 수 있습니다. 예시이므로 우리 아이의 생활 방식에 알맞은 내용으로 정해 사용합니다.

- 시간 맞춰 잠자리에 들기
  : 지키면 신용 점수 +1 / 어기면 신용 점수 -5
- 휴대 전화 하루에 ○분만 사용하기
  : 지키면 신용 점수 +1 / 어기면 신용 점수 -5

• 게임은 하루에 ○분만 하기

: 지키면 신용 점수 +1 / 어기면 신용 점수 -5

• 그 외 부모님과 함께 정한 약속들

: 소득의 ○%는 저축하기, 매일 일기 쓰기, 방 청소하기, 매주 화요일 내 방 쓰레기통 비우기, 학교에서 돌아오면 가정 통신문 식탁에 올려놓기, 밥 먹고 양치하기 등

아이 스스로 신용 점수 관리하는 법

신용 점수의 범위 설정

실제 신용 점수는 1점부터 1,000점까지 있습니다. 가정에서도 이를 그대로 적용하면 됩니다. 만약 범위가 너무 넓으면 1점에서 100점까지로 줄일 수 있습니다. 하지만 집에서는 함께 정할 수 있는 약속의 수가 많고, 1년이 넘게 활동을 이어갈 수 있으므로 1점부터 1,000점까지로 정하는 것을 추천합니다. 또는 100점 단위로 등급을 나누어 1~10등급까지의 신용 등급을 활용해도 좋습니다. 신용 등급 제도는 2020년부터 대한민국에서는 사라진 제도지만, 가정에서 관리의 편리함을 위해서 사용해도 좋습니다.

등급	신용 점수
10	1~99
9	100~199
8	200~299
7	300~399
6	400~499
5	500~599
4	600~699
3	700~799
2	800~899
1	900~1,000

신용 등급 예시

신용 점수 관리표 만들기

신용 점수 활동은 표로 시각화하여 관리합니다. 처음부터 항목을 너무 많이 만들면 헷갈리기 때문에 가장 중요하게 지켜야 할 내용들을 우선 적용하고 이후 하나씩 추가하길 바랍니다. 신용 점수를 높이기 위해 오히려 아이가 먼저 약속을 정하자고 이야기할 수도 있습니다. 정해진 약속들은 지켰는지를 O×로 부모님이 체크해도 좋고 아이가 스스로 점검해도 좋습니다.

정해진 기간마다 표에 그려진 O의 개수와 ×의 개수를 확인하여 신용 점수를 정리합니다. 학교 숙제처럼 매일 있는 일이 아니라면 해당하는 날짜에만 O×를 표시합니다. O표시 하

<table>
<tr><th>○○이의 약속</th><th>월</th><th>화</th><th>수</th><th>목</th><th>금</th><th>토</th><th>일</th><th>○ 개수</th><th>× 개수</th><th rowspan="5">신용 점수</th></tr>
<tr><td>게임 30분만 하기</td><td>○</td><td>×</td><td>×</td><td>○</td><td>○</td><td>○</td><td>○</td><td>5</td><td>2</td></tr>
<tr><td>내일 준비물 챙기기</td><td>×</td><td>○</td><td>×</td><td>×</td><td>-</td><td>-</td><td>×</td><td>1</td><td>4</td></tr>
<tr><td>학교 숙제하기</td><td>-</td><td>○</td><td>-</td><td>○</td><td>-</td><td>-</td><td>-</td><td>2</td><td>0</td></tr>
<tr><td>밥 먹고 양치하기</td><td>○</td><td>○</td><td>○</td><td>○</td><td>○</td><td>○</td><td>○</td><td>7</td><td>0</td></tr>
<tr><td colspan="8">합계</td><td>15</td><td>6</td><td>+9</td></tr>
<tr><td colspan="4">지난주 신용 점수</td><td colspan="4">이번 주 변화</td><td colspan="3">이번 주 신용 점수</td></tr>
<tr><td colspan="4">517</td><td colspan="4">+9</td><td colspan="3">526</td></tr>
<tr><td colspan="11">확인 사인: ○○○ (인)</td></tr>
</table>

1주일 신용 점수 관리표 예시

나당 신용 점수 +1점으로 계산하고, ×표시 하나당 신용 점수 -1점으로 계산합니다. ×표시의 감점을 더 큰 폭으로 설정해도 됩니다. 실제로도 신용 점수를 높이는 것은 힘들지만 떨어지는 것은 순식간입니다. 음수(-)의 개념은 중학교에서 배우기 때문에 마이너스 기호를 쓰기보다는 '감점' 같은 말로 표현하거나 부모님이 계산해 주는 게 좋습니다. 신용 점수 관리표는 스스로의 생활을 점검하는 점검표의 역할도 함께합니다.

신용 점수의 시작 점수는?

실제 신용 점수는 중간 정도의 점수부터 시작합니다. 집에서도 500점 정도의 점수에서 시작하도록 합니다. 만약 100점으로 범위를 줄인다면 0점부터 시작하는 것이 좋습니다.

최고 점수에 도달했다면?

신용 점수가 최고점이 되어 더 이상 올라갈 점수가 없다면 걱정이 됩니다. 아이가 동기를 잃어 신용 점수 관리에 소홀해지지 않을까 하는 거죠. 하지만 경험상 크게 걱정할 필요는 없습니다. 신용 점수가 최고점에 도달했다면 적어도 500점의 신용 점수를 추가한 것일 테고 이 과정에서 어느 정도의 습관이 형성되었을 겁니다. 또, 신용 점수 관리를 하지 않으면 점수가 떨어지게 되므로 지속해서 관리를 할 수밖에 없습니다. 실제로 신용 점수가 최고점에 도달한 아이는 따로 이야기하지 않아도 꾸준히 신용 점수 관리를 잘했으니 높은 신용 점수를 갖는 것이 당연합니다.

아이가 신용 점수 관리를 전혀 하지 않아요

신용 점수 관리는 하고 싶기 때문에 하는 것이 아니라 해야 하기 때문에 하는 겁니다. 관리를 제대로 하지 않았을 때는 많은 불편함을 경험하도록 합니다. 가정에서의 신용 점수 설정은 약속을 지키는 것이므로 약속을 지키지 않았을 때 생기는 불이익이 있어야 합니다. 그것은 자신의 행동에 책임을 지는 것입니다. 신용 점수가 낮을 경우 아이가 낮은 예금이자를 적용받거나 카드 사용 및 은행 상품 이용 등에 제한을 받도록 합니다. 또한, 금융과 상관없지만 신용 점수 산정에 포함되는 휴대 전화 사용 시간, 게임 시간 등에 영향을 주도록 합니다.

그리고 중요한 점은 신용 점수가 낮아졌을 때 생기는 불이익과 불이익을 얻게 되는 기준 점수를 사전에 알려 주어야 한다는 것입니다. 이 역시 아이와 함께 상의해 정하면 좋습니다. 그리고 종이에 적어 시각화합니다. 신용 점수가 낮아져 기준 점수에 가까워질 때는 여러 번 반복하여 상황을 인지시키고 받게 될 불이익을 한 번 더 언급합니다. 불이익을 받게 될 때 약속과 규칙에 따라 받게 된다는 사실을 단호하게 이야기하기를 바랍니다.

아이의 신용 점수로 할 수 있는 일들

신용 점수가 쓰이는 곳이 있어야 해요

신용 점수를 기껏 관리했는데 어디에도 필요 없는 숫자에 불과하다면 관리하고자 하는 의욕이 떨어질 수 있습니다. 그래서 신용 점수가 활용되는 곳을 정해야 합니다. 대출과 같이 돈을 빌리는 활동이 없는 상태이므로 '저축'에 신용 점수가 활용되도록 합니다.

저축에 영향을 주는 신용 점수

신용 점수가 저축에 영향을 주는 방법은 저축할 때 적용되는 금리에 영향을 주는 것입니다. 실제 해당 날짜의 한국은행 기준 금리를 우리 집의 기준 금리로 삼고, 아이의 신용 점수를 가산 금리처럼 활용해 기준 금리에 더할 수 있습니다. 신용 점수를 100으로 나눈 값을 금리로 사용하면 됩니다. 또는 백의 자리만 활용할 수도 있습니다. 예를 들어 신용 점수가 339점이라면 백의 자리인 3만 가져와 3%p를 더하고, 797점이라면 백의 자리인 7만 가져와 7%p를 더하는 식입니다. 아이에게는 가산 금리, 추가 금리, 우대 금리 등의 표현을 쓸 수 있습니다.

신용 점수가 450점이라면(1~1,000점 기준) 기준 금리 3.5% + 신용 점수 금리 4.5%p = 8% 신용 점수가 914점이라면(1~1,000점 기준) 기준 금리 3.5% + 신용 점수 금리 9.1%p = 12.6%

신용 점수를 가산 금리로 활용하기 예시

카드를 사용할 수 있는 자격

실제 금융 생활에서는 신용카드를 발급할 때 개인의 신용 점수를 따져 봅니다. 신용 점수가 낮다면 신용카드 발급을 거부당할 수 있죠. 그러므로 집에서도 같은 방식을 사용합니다. 정해진 신용 점수 이상이 되어야만 카드를 사용할 수 있게끔 하는 것입니다. 실제 신용카드 발급을 위한 신용 점수는 그렇게 높지 않지만, 집에서는 카드 사용이 가능한 신용 점수를 높게 잡아 주는 것이 좋습니다.

카드를 사용하기로 했고 기준 신용 점수보다 높은 신용 점수를 달성했다면 아이에게 체크카드를 주고 신용카드처럼 사용하도록 합니다. 이때 아이가 신용카드로 쓸 수 있는 한도도 함께 정하길 바랍니다. 초등학생이라면 신용 점수×100원 정도면 충분합니다(곱하는 액수는 부모의 판단하에 조절합니다). 천의 자리 이하는 버림해도 괜찮습니다. 만약 신용 점수가 634점인 아이라면 600×100을 하여 60,000원을 아이가 사용할 카드에 넣어 둡니다. 그리고 급여(또는 용돈)를 받는 날 사용 내역을 살펴보며 아이가 카드로 사용한 금액을 현금으로 지불하도록 하고 지불이 완료되면 다시 60,000원이 되도록 카드에 돈을 채워 둡니다.

휴대 전화 개설 자격

저신용자는 휴대 전화 개설이 불가능합니다. 아이가 휴대 전화를 갖길 원한다면 일정 기준 이상의 신용 점수가 되어야 휴대 전화 개설이 가능하도록 설정할 수 있습니다. 또, 휴대 전화를 살 때 스스로 모은 돈으로 구매하도록 하고 휴대 전화 요금 역시 직접 납부하도록 하면 좋습니다.

돈을 빌릴 수 있는 자격

아이가 돈을 빌릴 수 있는지를 결정할 때 신용 점수를 활용해도 좋습니다. 자세한 내용은 대출 활동에서 다루겠습니다.

부모가 아이에게 돈을 빌려줘도 될까?

누가 돈을 빌릴 자격이 있는가

제가 생활하고 있는 초등학교 6학년 교실에서는 대출 활동을 운영하지 않습니다. 그 이유는 1년이라는 제한적인 시간 안에 가르쳐야 하는 돈 공부 내용이 있기 때문입니다. 대출은 우선순위가 조금 낮다고 할 수 있습니다. 하지만 대출도 아이들이 사회에 나가기 전 꼭 배워야 하는 돈 공부입니다. 실제로 많은 개인의 금융 문제가 '돈을 빌리는 행위'에서 시작되기 때문이죠. 결국 '아이들에게 대출을 알려 줘도 될까?'라는 질문에 대한 대답은 '그렇다'입니다. 단, 돈을 빌려주는 활동을 집에서 운영한다면 돈을 빌릴 때는 그 값을 치러야 한다는 것을 반드시 알려 주어야 합니다.

아이에게 돈을 빌려주는 활동을 집에서 하기로 했다면 기준을 하나 정합니다. 바로 '아이가 돈을 빌릴 자격이 있는가?'입니다. 약속을 잘 지킬 것으로 기대되는 사람에게만 돈을 빌려주기 때문입니다. 신용 점수를 집에서 운영한다면 신용 점수를 기준으로 삼을 수 있습니다. 500점에서 신용 점수를 시작했다면 600점 이상일 때 대출이 가능하다는 식으로 설정합니다. 만약 신용 점수를 운영하지 않는다면 '저축한 금액 50만 원 이상'과 같이 아이가 모은 돈의 액수에 따라 대출 가능 여부를 정합니다.

"돈을 빌렸으면 이자도 갚아야 해"

아이에게 돈을 빌려준다면 돌려받을 때 빌려준 돈만 돌려받는 것이 아니라 빌려 간 돈에 대한 이자도 함께 받아야 합니다. 부모와 자녀 사이에 너무 계산적이지 않냐는 생각이 들 수도 있지만 돈의 사용료인 '이자'는 금융 생활의 기본이 되는 개념입니다. 부모에게 돈을 빌리는 것을 쉽게 생각하면 다른 곳에서 돈을 빌리는 것 또한 쉽게 생각할 수밖에 없습니다. 또한, 돈을 빌려주고 이자를 받는 일은 부모와 아이의 돈을 명확히 구분 짓는 데 효과적입니다.

대출이자 정하기

대출금리는 항상 예금금리보다 높게 설정해야 합니다. 은행의 탄생에 대한 이야기를 듣고 '예대마진(대출이자와 예금이자의 차이로 은행이 얻는 마진)'의 개념을 알게 된 아이라면 이것을 당연하게 여길 것입니다. 그래서 대출 활동을 아이와 함께한다면 신용 점수는 더 이상 저축 금리에 영향을 주지 않아야 합니다. 저축 금리가 신용 점수에 따라 달라지도록 한 것은 대출 활동을 하지 않는 상황에서의 어쩔 수 없는 선택이므로 대출 활동을 운영한다면 실제 금융 생활처럼 신용 점수는 대출금리에만 영향을 주도록 합니다.

물론 아이가 이자와 돈 관리를 제대로 이해하는지 확인하기 위해 한시적으로 예금이자보다 대출이자를 낮게 해 봐도 괜찮습니다. 만약 아이가 대출을 받아서 저축만 해 두더라도 이익이라는 것을 눈치챈다면 어느 정도 돈에 대한 감각을 갖고 있는 것입니다.

신용 점수 활용하기

신용 점수를 활용하여 대출이자를 정하는 법도 있습니다. 신용 점수에 따라 대출금리가 달라지도록 하는 거죠. 물론 신용 점수가 높아질수록 대출금리는 낮아져야 합니다. 단, 최저 금리가 예금금리보다 낮아서는 안 됩니다. 예금금리에 신용 점수에 따른 숫자를 더해 대출금리로 활용할 수 있습니다. 가장 낮은 대출금리를 예금금리보다 높게 설정합니다.

<table>
<tr><th>신용 점수</th><th>예금금리</th><th>대출금리</th></tr>
<tr><td>900~999</td><td rowspan="10">10%</td><td>예금금리+1%p = 11%</td></tr>
<tr><td>800~899</td><td>예금금리+2%p = 12%</td></tr>
<tr><td>700~799</td><td>예금금리+3%p = 13%</td></tr>
<tr><td>600~699</td><td>예금금리+4%p = 14%</td></tr>
<tr><td>500~599</td><td rowspan="6">돈을 빌릴 수 없음</td></tr>
<tr><td>400~499</td></tr>
<tr><td>300~399</td></tr>
<tr><td>200~299</td></tr>
<tr><td>100~199</td></tr>
<tr><td>0~99</td></tr>
</table>

예금금리와 대출금리 예시

저축 금리와 같아도 괜찮습니다

실제 금융 생활에서의 대출 원리를 아이에게 알려 주기 위해서는 위와 같은 방법을 사용해야 합니다. 하지만 복잡하고 챙겨야 할 게 많아 부모의 부담이 커질 수 있습니다. 부모님이 부담을 느끼는 것보다는 간단한 버전으로 운영하는 게 더 낫습니다. 이때는 아이가 저축하는 상품의 예금금리와 대출금리를 같은 숫자로 통일해도 괜찮습니다. 대출 활동은 돈을 빌릴 때 대가를 지불해야 한다는 것을 알게 하는 게 우선이기 때문입니다. 단, 신용 점수에 의해 저축 금리가 달라지지 않는 상태여야 합니다. 신용 점수에 따라 저축 금리가 달라지도록 한 상태에서 저축 금리와 대출금리를 같게 한다면 신용 점수가 올라갈수록 대출금리가 높아지는 불합리한 상황이 만들어집니다.

이자를 계산할 줄 모르면 생기는 일

한 사회 초년생이 자취할 원룸 보증금 때문에 고생한 이야기를 들려주었습니다. 1000만 원이 필요했는데 사회 초년생이라 신용 대출 한도가 얼마 나오지 않았던 거죠. 게다가 은행에서는 대출금리로 5%를 이야기했습니다. 고민하던 사회 초년생에게 한 지인이 1000만 원을 빌려줄 테니 매달 이자로 50,000원만 주면 된다고 했다며 사회 초년생은 이렇게 말했습니다.

"은행에서 돈을 빌려주지 않아 걱정했는데 은행보다 싸게 빌려서 다행이에요."

— 〈세금 내는 아이들〉 에피소드 중

사회 초년생은 정말 은행보다 지인에게 돈을 더 싸게 빌린 걸까요? 정답은 '아니다'입니다. 금융 생활에서 대부분의 이자는 '연이율'을 의미합니다. 은행에서 1000만 원을 빌렸다면 1년에 50만 원의 이자를 내야 합니다. 매달 50만 원의 이자를 내야 하는 게 아니죠. 반면, 지인에게 돈을 빌리고 갚아야 하는 이자는 한 달에 50,000원, 12개월을 곱하면 60만 원입니다. 은행에서 빌리는 것보다 1년에 10만 원이라는 돈을 이자로 더 내야 하는 겁니다.

너무나 간단한 계산인데도 이율이 1년을 기준으로 한다는 것을 몰라 내가 받거나 갚아야 할 돈을 제대로 계산하지 못하는 사회 초년생이 많습니다. 이자 계산을 해본 적이 없기 때문이죠. 그럴 수밖에 없는 게 아이는 이자 계산하는 법을 배운 적이 없습니다.

아이에게 이자에 대해 이야기할 때는 반드시 앞에 조건을 달아 이야기해 줘야 합니다. 12주 이율, 월 이율, 연이율과 같이 말이죠. 그리고 앞에 붙는 단어는 이자를 계산하는 기준이 되는 기간이라는 것을 반드시 함께 알려 주길 바랍니다.

대출 한도는 어떻게 정할까?

돈을 빌려줄 때도 기준이 명확해야 합니다. 특히 얼마까지 빌릴 수 있는지에 대한 기준이 필요하죠. 우리는 이것을 '한도'

라고 말합니다. 아이에게 무한정 돈을 빌려줄 수도, 빌려줘서도 안 되기 때문에 집에서 돈을 빌려주는 활동에도 한도를 정해 두어야 합니다. 가정에서 아이에게 빌려주는 돈의 한도는 다음과 같은 방법들로 설정할 수 있습니다.

① 부모가 금액 정하기

아이가 빌릴 수 있는 돈의 최대 액수를 부모가 정해 주는 방법입니다. 신용 등급을 집에서 운영하는지와 상관없이 사용할 수 있습니다. 가정의 경제 상황, 아이의 돈 관리 수준 등을 따져 금액을 정하면 됩니다. 단점이라면 객관적인 근거 없이 부모의 판단으로 정하는 것이기에 적절한 한도를 정하기가 힘들 수 있습니다.

② 신용 점수 활용하기(신용 대출)

아이의 신용 점수에 따라 빌릴 수 있는 돈의 액수를 정합니다. 1~1,000점을 기준으로 신용 점수를 활용한다면, 신용 점수에 100을 곱한 값을 빌릴 수 있는 최대 금액으로 정할 수 있습니다. 예를 들어 아이의 신용 점수가 600점이라면 최대 60,000원까지 빌릴 수 있도록 합니다. 곱하는 값은 부모님의 판단으로 조절해도 됩니다.

③ 아이의 재산 활용하기(담보대출)

아이가 저축한 돈이 있다면 저축한 돈을 담보로 하여 대출을 받도록 할 수 있습니다. 신용 점수의 존재 여부와 상관없이 활용할 수 있으며 저축한 돈의 10%와 같이 비율을 정해 아이가 빌릴 수 있는 돈의 상한선을 정합니다. 아이가 저축한 돈이 50만 원이라면 50,000원까지 돈을 빌릴 수 있게 되는 겁니다. 비율은 가정의 상황에 맞게 조절하기를 바랍니다. 실제로 존재하는 예금 담보대출을 본뜬 거라고 생각하면 됩니다. 만약 신용 점수를 활용한 한도와 아이의 재산을 활용한 한도를 함께 운영한다면 두 한도는 별개로 생각합니다.

대출금리와 대출 한도의 설정을 정리하자면 다음과 같이 할 수 있습니다.

	대출금리	대출 한도
초간단 버전 신용 점수 운영 ×	부모가 정한 이자	부모가 정한 금액 또는 아이가 저축한 돈의 □%만큼
기본 버전 신용 점수 운영 ○	저축 금리와 똑같이	신용 점수×100원 또는 아이가 저축한 돈의 □%만큼
심화 버전 신용 점수 운영 ○	신용 등급에 따라 다르게 설정	신용 점수×100원 또는 아이가 저축한 돈의 □%만큼

대출금리와 대출 한도 설정하기 예시

"빌린 돈은 꼭 갚아야 해"

빌린 돈, 어떻게 갚을까?

부모가 알아야 할 경제 개념 체크

대출을 했을 경우 돈을 갚는 방법 즉, 상환 방법은 크게 세 가지가 있습니다. 원리금 균등 상환, 원금 균등 상환, 만기 일시 상환입니다.

원리금 균등 상환은 매달 일정한 원리금(원금과 이자를 합한 돈)을 갚아 나가는 방법입니다. 원금 균등 상환은 매달 똑같은 액수의 원금을 갚아 나가는 방법입니다. 시간이 지날수록 갚아야 하는 총 원금이 줄어들며 매달 내야 하는 이자도 줄어들기 때문에 매달 갚는 돈이 점점 줄어듭니다.

만기 일시 상환은 이자만 갚아 나가다가 만기가 되었을 때 원금을 한 번에 갚는 방법입니다. 똑같은 돈을 똑같은 이자율로 빌렸더라도 상환 방법에 따라 내야 하는 총이자의 액수가 달라집니다.

아이가 빌린 돈을 갚는 시기는 급여(또는 용돈)를 12번 받는 시기와 맞춥니다. 저축과 주기가 같기 때문에 아이가 이해하고 관리하기도 가장 용이합니다. 1주마다 급여를 받는다면 12주 뒤, 2주마다 급여를 받는다면 24주 뒤, 3주마다 받는다면 36주 뒤, 한 달에 한 번씩 받는다면 1년(12개월) 뒤에 빌린 돈을 갚도록 합니다. 물론 정해진 날짜가 되기 전에 빌린 돈을 갚아도 좋습니다.

대출을 갚는 것을 '상환'이라고 하는 데 일반적인 상환 방법은 '원리금 균등 상환', '원금 균등 상환', '만기 일시 상환' 세 가지가 있습니다. 이 중 집에서 아이에게 돈을 빌려주는 활동을 할 때는 만기 일시 상환 방법을 활용하는 게 가장 간편하고 이해하기 쉽습니다. 만기 일시 상환도 실제로는 매달 이자를 내야 하지만 통장에서 매달 이자가 자동으로 빠져나가는 실제 대출과는 달리 부모가 관리해야 하므로 이자도 정해진 기간 뒤에 한 번에 갚도록 합니다. 또, 이자를 나누어 내면 아이가 이자를 적은 금액으로 느낄 수도 있습니다.

만약 1주마다 급여를 받는 아이가 부모에게 50,000원의 돈을 15%의 이자율로 빌렸다면 12주 뒤에 빌린 돈 50,000원과 이자 7,500원을 합한 57,500원을 한 번에 갚도록 합니다. 물론 갚아야 하는 날이 되기 전에 미리 갚아도 됩니다.

아이가 제때 돈을 갚지 않는다면?

아이가 빌린 돈을 제때 갚지 않는다면 단호하게 불이익을 주어야 합니다. 아이가 깜빡하는 바람에 실수로 갚지 못했을 경우도 마찬가지입니다. 그만큼 빌린 돈을 갚는 약속을 중요하게 생각해야 합니다. 빌린 돈을 제때 내지 않아 얻게 되는 불이익은 다음과 같은 것들로 설정할 수 있습니다.

① 신용 점수 하락

집에서 신용 점수를 운영한다면 활용할 수 있는 방법입니다. 빌린 돈을 제때 갚지 않으면 신용 등급이 큰 폭으로 하락합니다. 집에서도 아이가 돈을 제때 갚지 않는 경우 신용 등급을 큰 폭으로 떨어뜨립니다. 아이가 평균적으로 3~4주에 걸쳐 높이는 신용 점수를 한 번에 줄어들도록 합니다. 빌린 돈을 갚지 못하는 기간이 길어진다면 추가로 신용 점수를 낮춥니다.

② 더 이상 돈을 빌려주지 않는다

학교 도서관에서도 대출한 책을 연체하면 정해진 기간 책을 빌릴 수 없습니다. 연체된 돈이 있을 경우 추가로 돈을 빌릴 수 없도록 합니다. 기본적으로 한 주기의 2배 동안은 돈을 빌리지 못하도록 합니다(12주마다 용돈을 받는다면 24주 동안 돈을 빌릴 수 없습니다). 신용 점수를 활용한다면 신용 점수가 정해진 점수 이상이 될 때까지 돈을 빌리지 못하게 합니다.

③ 연체료

빌린 돈을 제때 갚지 않는 경우 추가로 연체료를 내도록 합니다. 연체료는 돈을 갚기로 한 날짜로부터 시간이 지날수록 더 많이 내며 돈을 빌려줄 때 미리 정해 둡니다.

④ 카드 사용 중지

신용이 낮은 사람은 신용카드를 발급받을 수 없습니다. 또한 신용카드로 결제한 돈을 제때 갚지 않으면 카드 사용이 정지되죠. 이러한 점을 집에서도 적용하여 빌린 돈을 제때 갚지 않는다면 아이가 사용하는 카드를 사용하지 못하게 합니다.

⑤ 휴대 전화 사용 중지

신용이 낮은 사람은 휴대 전화를 개설하지 못합니다. 휴대 전화를 사용하는 아이라면 돈을 제때 갚지 못했을 경우 휴대 전화 사용을 정지시켜 불편함을 느끼도록 합니다. 과학기술정보통신부의 자료에 따르면 모든 연령대 중 휴대 전화 요금 연체 미납자의 비율은 20대가 42.4%로 가장 높다고 합니다. 휴대 전화는 단말기 할부, 소액 결제 등 돈을 빌리는 행위와 관련이 높습니다.

⑥ 차압

아이가 갖고 있는 자산(저축 등)이나 받게 될 급여(또는 용돈)에서 빌린 돈을 빼고 주는 방법입니다. 지금 당장 쓸 돈이 없다고 빌린 돈을 갚는 것을 미루면 불어난 이자로 빌린 돈을 더 갚기 어려워지거나 다른 곳에서 돈을 빌려 갚는 식으로 미봉책을 사용하는 것이 습관이 될 수 있습니다. 당장 돈이 없어 생길 눈앞의 불편함 때문에 빌린 돈을 갚는 것을 미루는 습관이 생기지 않도록 빌린 돈을 최우선으로 갚도록 합니다.

돈을 빌리는 행동은 쉽게 생각해서는 안 됩니다. 아이가 돈을 빌리는 행동에 대한 경각심을 갖도록 해 줍니다. 거듭 이야기하지만 부모가 가르쳐 줄 수 있는 시기에 겪어보는 것이 혼자 오롯이 책임져야 하는 성인이 되어 경험하는 것보다 좋습니다.

아이와 함께 차용증 쓰기

차용증

금50,000원(금오만원)

빌린 날짜: 2024년 3월 12일

12주 이자: 10%(5,000원)

갚는 날짜: 2024년 6월 4일

* 제때 갚지 않으면

1주마다 추가 이자 1%(연체료 500원)

1주마다 신용 점수 10점 하락

○○○은/는 부모님에게 위의 금액을 빌렸습니다.

정해진 날짜까지 빌린 돈과 이자를 갚겠습니다.

빌리는 사람: ○○○ (인)

빌려주는 사람: ○○○ (인)

차용증 예시

아이에게 돈을 빌려줬다면 기록으로 반드시 남겨야 합니다. 일종의 '차용증'을 쓰는 거죠. 차용증은 남의 돈이나 물건을 빌린 것을 증명하는 문서입니다. 돈을 빌린 날짜, 금액, 갚아야 하는 이자, 만약 갚지 못할 때 어떻게 할 것인지 등 빌린 돈에 대한 자세한 내용을 모두 종이에 기록합니다. 빌린 내용을 적은 종이는 두 장 만들어서 아이가 한 장 보관하고, 부모님이 한 장 보관합니다. 마지막으로 내용을 확인했다면 부모와 아이가 함께 사인을 하거나 도장을 찍습니다. 이 과정을 통해 돈을 빌리는 행동에 책임감을 부여하도록 합니다.

주의해야 하는 위험한 대출

대출은 크게 두 종류로 나눌 수 있습니다. 하나는 소비를 위한 대출이고, 또 다른 하나는 소득을 위한 대출입니다.

소비를 위한 대출은 사고 싶은 물건을 사거나 생활하는 데 필요한 돈이 없어서 받게 되는 대출입니다. 물가 상승률 등을 따져 대출받아 소비하는 게 더 나을 때도 있으나 처음 돈 공부를 하는 아이에게 소비를 위한 대출은 하지 않을수록 좋습니다. 사고 싶은 물건이 있을 때 빌려서 사면 된다고 생각하는 것만큼 위험한 일은 없습니다. 당장 돈이 들지 않는 것처럼 느끼게 만들기 때문이죠. 비싼 외제 차를 전액 할부로 구매하거나 갚아야 할 돈은 생각하지 않고 지금 당장의 만족감을 위해 빌린 돈으로 명품 가방을 사는 소비 등은 아주 위험한 행동입니다.

아이가 돈 공부를 하는 시기에 들여야 할 습관은 갖고 싶은 건 돈을 모아서 구매하도록 하는 것입니다. 소비를 위한 대출은 '위험한 대출'로 인식하도록 해 주길 바랍니다.

'소비 후 갚아가기 ×, 모아서 사기 ○'

반면, 소득을 위한 대출은 잘 활용할 줄 알아야 합니다. 그리고 아이들에게 가르쳐야 할 대출이 바로 소득을 위한 대출입니다. 경제 용어로는 '레버리지'라고 하는 것이죠. 투자 수익을 더 높이기 위한 대출, 사업을 운영하기 위한 대출 등이 이에 해당합니다.

아이에게도 이 두 가지를 알려 줍니다. 그리고 돈을 빌릴 때 대출 이유가 소비를 위한 것인지, 소득을 위한 것인지 물어보고 스스로 대답하게 합니다. 소비를 위한 대출은 아이에게 해 주지 않거나 해 주더라도 최소한의 범위에서 하며 대출을 한 행동의 최종 결과가 나의 자산을 줄어들게 하는지 아니면 나의 자산을 늘어나게 하는지 아이가 따져 볼 수 있게 합니다.

"부모가 아이에게 돈을 빌려도 되나요?"

간혹 부모님들도 아이에게 돈을 빌려야 할 때가 있습니다.

계획한 생활비가 바닥났거나 당장 현금이 필요한데 수중에 현금이 없고 현금을 찾으러 갈 시간도 없다면 아이가 갖고 있는 돈에 눈길이 가기 마련입니다. 하지만 부모님의 돈이 아이의 돈이 아니듯이 아이의 돈도 부모님의 돈이 아니라는 점을 명심해야 합니다. 다른 사람의 돈을 빌릴 때는 빌린 값을 치러야 합니다. 아이에게 이것을 가르쳐 주어야 하니 부모님도 마찬가지로 적용받아야 합니다. 아이에게 돈을 빌리고 원금만 돌려주는 부모님들이 대부분입니다. 아이에게 돈의 가치를 제대로 알려 주려면 부모님들도 빌린 돈에 이자를 더해 갚길 바랍니다.

7장

세금과 부동산: 우리 아이 경제 독립의 시작

소득 있는 곳에 항상 세금 있다

첫 월급을 받고 놀란 아이들

교실에서만 쓸 수 있는 화폐인 '미소'로 받는 월급인데도 아이들은 월급날을 참 기다립니다. 특히 태어나서 처음 월급을 받는 날은 더욱 그렇습니다. 드디어 기다리던 월급날 급여 명세서를 받아 든 아이들의 표정에 당황스러움이 묻어납니다. 그리고 몇몇 아이들이 물어봅니다.

"선생님, 실수령액이 뭐예요? 저는 월급이 300미소인데 왜 205미소밖에 안 들어와요?"

—〈세금 내는 아이들〉 에피소드 중

"이 세상에서 죽음과 세금만큼 확실한 것은 없다."

미국의 정치가 벤자민 프랭클린이 한 말입니다. 인간이라면 누구에게나 찾아오는 죽음과 비교할 정도로 세금은 피할 수 없는 것임을 나타내고 있습니다. 세금은 나라의 운영을 위해서 국가가 강제로 거두어들이는 돈입니다. 소득이 생긴다면 무조건 정해진 기준에 따라 세금을 내야 합니다.

돈 공부를 하지 않은 사회 초년생들이 당황하는 부분 중의 하나입니다. 내 월급이 300만 원이더라도 통장에 들어오는 돈은 그보다 적습니다. 세금을 비롯해 떼어 가는 돈이 많기 때문이죠. 첫 월급을 받고서야 이 사실을 알게 되는 사람이 적지 않습니다. 월급을 받는 사람은 상황이 좀 낫습니다. 프리랜서 등 비정기적 소득을 얻는 사람들의 경우 세금을 생각지 않고 통장에 들어온 돈을 다 썼다가 종합소득세 납부 기간에 현금이 부족해 빚을 내어 세금을 내는 경우도 있습니다.

세금을 내는 것은 납세의 의무로 헌법에 명시되어 있습니다. 피하고 싶어도 피할 수 없는 세금인 만큼 아이에게도 세금에 대해 기본적인 것들은 알려 주는 게 좋지 않을까요?

세금은 '빼앗기는 돈'?

"나라에서 돈을 뺏어가요. 일할 맛이 안 나요."

첫 월급을 받는 날, 월급에서 빠져나간 세금을 확인한 한 아이가 한 말입니다. 내가 받아야 할 돈이 줄어들다 보니 세금이라는 돈을 뺏기는 돈처럼 생각하는 거죠. 사실 우리는 세금 혜택을 많이 받으며 살고 있습니다. 아이들의 경우는 특히 더 그렇습니다. 아이들은 세금을 낸 적이 없지만 세금의 혜택을 받고 있죠. 아이들이 다니고 있는 학교의 시설, 교과서, 급식비, 수학여행비, 길 위의 보도블록, 횡단보도, 신호등, 공원 등 주위의 많은 것들이 세금으로 만들어지고 세금으로 운영되고 있습니다.

아이가 집에서도 세금을 내도록 하려면 세금의 개념을 바르게 이해시키는 것이 우선입니다. 세금에 대한 이해 없이 세금을 걷어 가기만 한다면 아이는 당연하게도 '뺏기는 돈', '그냥 가져가는 돈'으로 느낄 수 있습니다.

집에서 세금 내는 아이들

세금, 어떻게 낼까?

세금 내는 곳 정하기

아이에게 세금을 가르치기로 했다면 우선 세금을 내는 항목을 정해야 합니다. 실제 세금의 종류는 굉장히 다양합니다. 하지만 모든 종류의 세금을 집에서 적용할 필요는 없습니다. 세금 활동의 목적은 소득이 생기면 세금을 내야 한다는 것을 알려 주는 것입니다. 집에서 사용할 수 있는 몇몇 세금의 예시는 다음과 같습니다. 별표(★)로 표시된 세금만 활용해도 충분합니다.

- 근로소득세(★): 아이가 받는 급여(또는 용돈)에 부과하는 세금
- 이자 소득세: 저축으로 받는 이자에 부과하는 세금(15.4%)
- 재산세: 아이가 갖고 있는 고가(특정 금액 이상)의 물건에 부과하는 세금

세율 정하기

세금 내는 곳을 정했다면 세율도 정해야 합니다. 실제로는 세금의 종류에 따라 세율이 다릅니다. 또 소득세율은 누진세율을 적용해 버는 돈이 많을수록 세율도 높아집니다. 하지만 가정에서 종류별, 구간별 세율을 정하는 것은 번거로운 작업이므로 통일된 세율을 적용해도 상관없습니다. 교실에서는 보통 10~20% 정도의 세율을 정해 세금을 걷고 있습니다. 10%, 20%로 세율을 정하면 세금 계산도 편리합니다.

세금은 모두 내는 돈

세금은 한 국가의 국민이라면 누구나 내야 하는 돈입니다. 우리 집을 하나의 국가라고 한다면 세금을 내야 하는 사람은 가족 구성원 모두입니다. 세금 활동 자체가 아이의 돈 공부를 위한 설정이지만, 가정 내에서 소득이 있는 모든 구성원이 세금을 납부하는 모습을 보여주면 아이가 세금 내는 것을 자연스럽게 받아들일 수 있습니다. 용돈을 받아 생활하는 부모라면 아이

에게 정한 세율을 똑같이 적용해서 세금을 내도록 합니다.

만약, 이런 설정이 부담스럽다면 부모가 버는 돈에서 이미 세금을 납부하고 있다고 이야기해 줘도 됩니다. 부모의 월급 명세서를 함께 살펴보는 방법도 있습니다.

급여에서 원천징수 하기

원천징수는 아이가 일을 하고 급여 형태로 주기적인 돈을 받는다면 사용하는 방법입니다. 아이의 급여에서 세금 등을 떼어 내고 남은 돈을 '실수령액'이라는 이름으로 지급하는 거죠.

급여	소득세(15%)	자리 임대료	건강 보험료	실수령액
300	45	40	10	205

교실 속 급여 명세서 예시

교실에서는 위와 같은 급여 명세서를 월급날 아이들에게 발행합니다. 각 항목을 간단히 설명하면 다음과 같습니다.

- 급여: 직업에 따라 아이가 받기로 한 돈이다.
- 소득세: 나라에 내는 세금(급여에 정해진 세율을 계산한다)이다.
- 자리 임대료: 아이들이 사용하는 책상과 의자는 나라의 소유이기 때문에 빌린 값을 내야 한다.

- 건강 보험료: 학교에서 아프거나 다쳤을 때, 건강 보험료를 내고 있기 때문에 보건실을 공짜로 이용할 수 있다.

교실에서의 예시처럼 아이가 급여를 받는 날 간단한 급여 명세서를 발행하여 지급합니다. 종이로 급여 명세서를 만들어도 좋고 아이가 휴대 전화를 갖고 있다면 문자 형태로 보내도 괜찮습니다.

○○의 급여 명세서
2024년 1월 22일 월요일
직업: 우편배달원
급여: 50,000원
소득세(10%): 5,000원
실수령액: 45,000원

급여 명세서 문자 예시

비정기적인 세금 수입

아이에게도 급여 이외의 비정기적인 소득이 생길 수 있습니다. 대표적인 것이 부모 이외의 사람이 주는 용돈(명절 용돈 등)과 사업을 통해 번 돈, 저축 이자, 투자 수익 등입니다.

명절 용돈 등의 비정기적 용돈은 2장에서 설명한 대로 명절 용돈세 등의 항목을 만들어 높은 세율을 부과하거나 저축의 비과세 혜택을 설명해 저축하도록 유도할 수 있습니다.

사업소득은 아이가 급여(또는 용돈)를 받는 12번의 사이클마다 한 번씩 내도록 합니다. 사업을 할 때는 내게 될 세금을 미리 계산하여 저축하는 습관을 들이도록 합니다. 물론, 소득의 10%, 20% 등 고정적인 세율로 세금을 걷는다면 아이가 사업소득이 생겼을 때, 곧바로 세금을 내도록 해도 됩니다.

저축 이자나 투자 수익까지 세금을 부과하면 활동이 너무 복잡해집니다. 따라서 아이에게 실제로는 저축 이자와 투자로 번 돈도 소득이기 때문에 세금을 내야 한다는 사실을 알려 주기만 해도 좋습니다. 또는 소득세율과 같은 비율로 세금을 내도록 할 수도 있습니다.

우리 집 세금 사용법

세금은 투명하게 관리해요

세금을 걷는 활동을 집에서도 할 수 있다고 말하면 대부분 부모님은 아이가 세금으로 낸 돈이 부모의 돈이 된다고 생각합니다. 하지만 세금은 부모의 돈이 아닙니다. 세금은 나라의 살림을 위해 사용하는 돈입니다. 우리 집이 하나의 나라인 셈이기 때문에 아이에게 거두어들인 세금은 부모를 위한 곳이 아닌 우리 집과 우리 가족을 위한 곳에 사용되어야 합니다. 집에 투명한 세금 통을 마련하고 거두어진 세금은 이 통에 모아서 보관합니다. 그리고 통은 가족들이 잘 볼 수 있는 곳에 놓아 둡니다. 세금의 수입과 지출을 기록하는 세금용 용돈 기입장을 마련해서 세금의 수입과 지출을 기록하고 아이에게 국세청장이나 세무사 등의 직업을 부여할 수도 있습니다.

세금을 어디에 쓸까?

당연한 이야기이겠지만 집에서 거두어진 세금은 가족 구성원 모두가 혜택을 고루 받을 수 있는 곳에 사용하면 좋습니다. 실제로 가정의 살림을 위한 돈이 여러 곳에 필요하므로 가정 살림을 위한 곳에 다양하게 사용합니다. 집에서의 세금 사용처를 몇 가지 소개하자면 다음과 같습니다.

- 생필품 구매: 휴지, 세제, 식재료 등을 구매한다.
- 가족 여행 지원: 가족들이 여행 갈 때 세금을 사용한다.
- 가족 외식 지원: 가족 모두 함께 외식할 때 세금을 사용한다.
- 수리비: 집 또는 자동차 등 수리할 곳이 생겼을 때 세금을 사용한다.
- 각종 지원금: 수학여행 지원금, 시험 기간 응원 지원금 등 가족 구성

원에게 돈이 필요한 일이 생겼을 때 세금으로 지원한다.

함께 세금 사용 계획을 세워 봐요

세금을 어떻게 사용할 것인지는 부모가 일방적으로 정하는 것보다 가족들이 함께 모여 의논하는 것을 추천합니다. 정부에서 거두어질 세금을 예상하여 내년도 예산 사용 계획인 예산안을 마련하고 이에 맞추어 나라 살림을 하는 것처럼 우리 집에서도 세금으로 들어올 돈을 예상하여 어떤 곳에 어떻게 쓰면 좋을지 정해 보는 거죠. 아이는 세금 지출을 어떻게 할지 결정하는 과정에 참여함으로써 세금의 존재 이유, 세금을 어떻게 써야 하는지 등을 익힐 수 있습니다.

예상 세금 수입 등 어려운 계산은 부모가 도와주고, 가족 구성원들이 자신의 의견을 이야기하고 서로의 의견을 조율해 가는 과정에서 아이는 자기 주도성과 의사소통 능력도 기를 수 있습니다. 또, 이 과정에서 아이는 자연스레 내 돈은 어떻게 관리하면 좋을지 계획을 세우는 습관을 들일 수 있습니다. 세금 예산을 세우고 지출하는 과정도 아이의 급여 12번 사이클에 맞춰서 하면 됩니다.

"월세로 살래, 전세로 살래?"

세상에 공짜 집은 없어

교실에서 한 달에 한 번씩 기다리는 시간이 세 가지 있습니다. 첫 번째는 월급날, 두 번째는 직업을 새로 정하는 날입니다. 그리고 마지막 세 번째는 자리를 정하는 시간입니다. 한 달 동안 내가 앉을 자리의 위치와 짝이 정해지는 시간이기 때문에 아이들이 참 많이 기다립니다. 돈 공부를 하다 보니 아이들이 앉는 자리를 부동산과 연결 지을 수 있겠다는 생각이 들었습니다.

책상과 의자를 부동산 활동에 활용해 주거비를 부과하기로 했습니다. 그래서 아이들의 명세서에 자리 임대료라는 항목을 넣고 임대료를 걷기 시작했습니다. 지출 항목에 주거비를 추가

하는 효과를 만든 것입니다. 그런데 지출 활동으로만 부동산 활동을 한정 짓기에는 아쉬웠습니다.

많은 사람이 부동산을 투자처로써 활용하고 있습니다. 그래서 교실에서의 부동산도 투자처로써 활용할지 고민했지만, 부동산 투자보다 먼저 가르쳐야 할 내용이 있겠다는 생각이 들었습니다. 투자 활동에서 주식 투자 방법보다 투자의 특징을 먼저 가르친 것처럼 말이죠. 그래서 아이들이 사회 초년생이 되면 가장 먼저 접할 임대계약과 청약 통장을 우선 가르치기로 했습니다.

아이와 임대계약 맺기

집에서 아이들은 자신의 공간이 있습니다. 물론, 가정 사정에 따라 나만의 방이 있는 아이도 있고, 형제나 부모와 공간을 함께 쓰는 아이도 있습니다. 그런데 중요한 점은 집이 부모의 자산이라는 것입니다. 아이의 것이 아니죠. 그렇다면 아이에게 부모가 마련한 공간을 사용하는 대가를 지불하도록 하여 추가적인 소비의 영역을 마련해 줄 수 있습니다.

월세

아이가 급여(또는 용돈)를 받는 날마다 월세(실제 월세는 한 달에 한 번 내는 돈을 의미)를 납부하는 방법입니다. 월세 금액을 정하고, 아이의 급여에서 월세 금액을 빼고 지급하거나 아이가 직접 납부하도록 합니다. 월세 금액은 아이의 급여 수준 등을 고려해서 방의 주인인 부모님이 정하길 바랍니다. 아이와 월세 금액을 협상해도 됩니다. 월세로 받은 돈은 아이에게 돌려줄 필요가 없기 때문에 부모님이 자유롭게 사용하면 됩니다.

전세

전세로 방을 사용할 수도 있습니다. 정해진 금액을 부모에게 맡기고 정해진 기간 방을 이용하는 방법이죠. 전세금은 월세의 100배 정도로 설정합니다. 만약 아이가 내는 월세가 5,000원이라면 전세금은 50만 원입니다. 전세금을 모으는 것을 아이의 저축 목표로 삼도록 유도할 수 있습니다. 전세금을 모으면 더 이상 추가적인 월세 지출이 생기지 않기 때문이죠. 또, 전세금을 모으는 과정에서 자연스레 목돈을 모으게 됩니다. 또 전세금을 부모에게 내기 때문에 아이의 목돈을 부모가 관리할 수 있다는 이점이 있습니다. 전세금은 아이가 자라서 집을 떠나 독립할 때 돌려줍니다. 그리고 아이에게도 전세금은 성인이 되어 독립할 때 돌려받을 수 있다고 말합니다.

전세 자금 대출

부동산 활동에 대출 활동도 추가할 수 있습니다. 바로 전세 자금 대출을 활용하는 방법입니다. 아이에게 전세금을 빌려주고 이자를 내도록 하는 방법이죠. 이 방법은 대출을 저축식으로 활용하는 방법이기도 합니다. 아이가 전세금의 30~50% 정도는 스스로 모아야 대출을 받을 수 있도록 조건을 정합니다.

무조건 월세가 좋다, 혹은 전세가 좋다고 이야기하는 것보다 어느 것이 지출을 줄이는 방법인지 따져 보도록 가르치는 것이 좋습니다. 전세 대출을 받을 경우 내야 하는 이자와 같은 기간의 월세를 비교 계산하여 이자가 월세보다 높으면 월세를 선택하는 것이, 이자가 월세보다 낮으면 전세 자금 대출을 선택하는 것이 합리적인 선택입니다. 만약, 아이 방의 월세가 5,000원이고 전세가 50만 원이라면 12번을 한 주기로 했을 때, 월세의 경우 60,000원을 지출합니다. 그리고 아이가 12주 이율 11%로 50만 원을 빌린다면 이자는 55,000원으로 전세 자금 대출을 받는 것이 월세보다 지출이 적습니다. 하지만 12주 이율 13%로 빌린다면 이자가 65,000원으로 월세를 선택하는 것이 지출이 적습니다. 아이가 이 계산을 스스로 할 수 있어야 합니다.

임대차계약서 작성하기

아이가 방을 빌린 대가를 지불하기로 했다면 이에 대한 계약서 또한 작성하는 것이 좋습니다. 작성법은 근로계약서를 썼던 방법과 같습니다. 빌리는 방의 위치, 빌리는 방법, 빌린 금액, 빌리는 기간 등을 적어 계약서를 만듭니다. 계약서는 두 장 만들어 아이와 부모가 한 장씩 보관합니다.

(월세/전세) 임대차계약서

방의 위치: ○○시 ○○○구 ○○○로 100-1 작은방
빌리는 방법: 월세/전세
임대료: 보증금 원/월세 원
계약 기간: 2024년 1월 1일 ~ 2024년 6월 30일
* 계약 기간이 끝나면 계약 조건을 다시 정한다.

○○○은/는 부모님에게 위의 내용으로
방을 빌려 사용한다.

임대인(빌려주는 사람): (인)
임차인(빌리는 사람): (인)

임대차계약서 예시

계약 기간은 6개월 정도로 정하고 6개월마다 새로운 조건으로 계약서를 새로 씁니다. 이때 전세금이나 월세 등을 조금씩 인상하면 아이의 목돈을 조금씩 더 늘려 가도록 유도할 수 있습니다.

형제가 여럿이라면?

형제가 여럿이라 방을 나누어 써야 한다면 더 큰 방을 쓰는 사람에게 임대료를 더 높게 받거나 방을 함께 쓸 때 임대료를 절반씩 부담하도록 할 수 있습니다. 이는 함께 방을 쓰는 불만, 더 작은 방을 쓰는 불만을 줄일 수도 있습니다. 만약, 서로 원하는 방이 같을 경우 경매처럼 더 높은 금액으로 빌리길 원하는 아이에게 방을 선택하게 합니다.

내 이름으로 만든 청약 통장

아이가 낸 임대료와 전세금은 부모님이 자유롭게 관리해도 좋습니다. 하지만 부동산에서 알고 있어야 할 내용인 청약 통장과 연계하여 활용할 수도 있습니다.

미성년자도 청약 통장을 개설할 수 있을까?

아파트 분양을 받기 위해서는 청약 통장이 필요합니다. 청약 통장으로 분양 신청을 하는 것은 성인이 되어야 가능하지만 아이 명의로 청약 통장을 만드는 것은 나이와 상관없이 가능합니다. 가족 관계 증명서 등 은행에서 요구하는 서류를 지참해서 은행에 방문합니다. 아이도 함께 데려가는 것이 좋습니다. 자연스레 금융 생활을 경험할 수 있기 때문이죠.

어릴 때 청약 통장을 개설하면 좋은 점

내가 갖고 있는 청약 통장으로 가점제 분양 신청을 할 경우 가입 기간이 점수에 들어갑니다. 가입 기간의 만점은 17점으로 15년 이상이 되어야 합니다. 그런데 청약 통장 가입 기간은 미성년자일 때의 기간도 인정해 줍니다. 이전에는 최대 2년까지였지만, 2024년 1월 1일부터는 5년까지로 제도가 바뀌었습니다. 미성년자일 때 5년, 성인이 되어 10년으로 맞춘다면 가장 빠르게 만점을 만들 수 있습니다. 만약 20살이 되어서야 청약 통장을 만들었다면 35살은 되어야 가입 기간 점수가 만점이 되는 겁니다. 하지만 만 14세 이전에 가입했을 경우 30살 정도면 청약 통장 가입 점수가 만점이 됩니다.

청약 통장의 납입 인정 금액은 이전 240만 원에서 600만 원으로 상향되었습니다. 미성년자 가입 기간이 5년(60개월) 인정되므로 만 14세에 가입하여 매달 10만 원씩 60개월을 넣는 것이 가장 좋은 방법입니다.

임대와 청약 통장 연결 짓기

청약 통장에 납입하는 돈은 아이가 부모에게 내는 임대료로 납입합니다. 청약 통장에 10만 원이라는 금액을 맞추어 납입

해야 하므로 이 시기에는 아이가 내는 월세가 한 달 기준으로 10만 원(1주일마다 급여를 받는 아이라면 25,000원씩 4주)이 되도록 맞추거나 아이에게 받는 전세금을 청약 통장에 넣을 600만 원 이상으로 설정합니다. 전세금은 아이가 독립할 때 받아 갈 돈이므로 성인이 된 아이에게 600만 원이 들어있는 청약 통장을 돌려주면 됩니다. 아이가 부모에게 내는 임대료가 10만 원이 되지 않는다면 부모가 추가로 돈을 더해 청약 통장에 납입해야 합니다. 어차피 부모가 추가로 부담해야 하는 돈이라면 그만큼 아이의 급여를 올려주고 임대료도 함께 높이는 방법을 쓸 수도 있습니다.

8장

돈을 알면
세상이
달라 보인다

금융 범죄에 노출된 아이들

금융 범죄의 온상이 된 SNS

금융 범죄는 굉장히 악질적인 범죄입니다. 아무리 돈 관리를 잘하는 사람이라도 금융 범죄 때문에 평생 모은 돈을 잃게 된다면 삶이 무너져 버릴 수 있습니다. 갖가지 금융 범죄들이 우리의 돈을 노리고 있기 때문에 아이에게도 금융 범죄 예방 방법을 알려 줘야 합니다.

금융 범죄 하면 가장 먼저 떠오르는 것이 보이스 피싱입니다. 그런데 생각해 보면 아이가 보이스 피싱 범죄에 노출될 가능성은 작습니다. 우선 아이가 관리하는 돈 자체가 많지 않습니다. 또, 스스로 계좌 이체를 하는 경우도 많지 않으며 큰돈을 인

출해서 피싱범이 요구하는 장소로 가기도 쉽지 않습니다. 그리고 대부분 아이는 이런 경우 부모에게 이야기하기 때문에 초등학생이 보이스 피싱에 당했다는 이야기를 들어 보지는 않았을 겁니다. 물론 그럼에도 청소년을 노리는 보이스 피싱 범죄가 발생할 수 있기에 우리 아이에게 해야 할 금융 범죄 예방 교육이 있습니다.

또 다른 금융 범죄로는 대리 입금이 있습니다. 대리 입금은 SNS상에서 발생하는 범죄로 성인보다는 청소년을 대상으로 삼는 금융 범죄입니다. 대리 입금 범죄는 SNS에 업로드되는 게시물을 통해 일어납니다. 게시물을 보고 게임 아이템이나 연예인 콘서트 티켓 등을 사고 싶은 아이가 연락하면 비용을 대신 입금해 주고 정해진 기간이 지난 뒤 원금과 이자를 갚게 하는 식입니다. 이때 대리 입금을 해주며 아이에게 개인 정보를 요구합니다. 이후 감사비라는 이름으로 빌려 준 돈의 이자를 요구하고, 지각비라는 이름으로 연체료도 받습니다. 빌린 돈의 1,000%까지 요구한 사례도 있다고 합니다. 만약 아이가 돈을 갚지 못하면 개인 정보를 이용해 협박하고 이에 따라 아이들은 폭행, 성범죄 등 또 다른 범죄에 노출됩니다.

대리 입금도 돈을 빌리는 것

대리 입금 범죄에서 이자, 연체료와 같은 말을 쓰지 않고 감사비, 지각비와 같은 단어를 쓰는 이유는 이것이 하나의 심부름과 같이 느껴지도록 해서 돈을 빌리는 행동이라는 인식을 하지 못하게 하는 겁니다. 다른 사람에게 돈을 직접 빌리는 것뿐만 아니라 내가 내야 할 돈을 다른 사람이 대신 내는 것도 돈을 빌리는 행동임을 알려 주어야 합니다.

돈을 빌릴 수 있는 곳을 알려 줘요

아이들은 돈을 빌리는 것에 대해 배운 적이 없습니다. 그래서 어디서 어떻게 돈을 빌려야 하는지에 대한 개념도 잡혀 있지 않죠. 돈을 빌릴 수 있는 곳은 은행이고, 미성년자는 돈을 빌릴 수 없다는 사실을 분명하게 알려 줍니다. 가장 좋은 방법은 스스로 돈 관리를 잘해서 돈을 빌릴 필요가 없는 상태입니다. 하지만 어쩔 수 없이 돈을 빌려야 하는 상황이라면 부모에게만 돈을 빌려야 한다고 이야기하길 바랍니다.

이자를 제대로 알아야 해요

아이들이 1,000%라는 터무니 없는 이자로 돈을 빌린 이유는 무엇일까요? 이자의 금액이 얼마 되지 않는다고 생각했기 때문입니다. 50,000원을 빌려주고 1주일 후 수고비로 10,000원을 요구했다고 봅시다. 아이들에게 10,000원은 스스로 감당할 수 있을 정도의 돈입니다. 원금 자체가 적은 금액이니 이자도 감당하지 못할 수준이 아닌 것 같죠. 또, 감사비라는 말을 쓰기에 자신의 행동이 돈을 빌리는 행동이라고 느끼지 못합니다. 그런데 금융 생활에서 대부분의 이자는 '연' 이율을 기준으로 하기에 1주일에 10,000원이라는 이자는 1년으로 치면 52만 원에 해당하는 아주 큰 돈입니다. 연 이자율로 따지면 1,040%입니다. 이자에 대한 개념이 바로 잡혀 있었다면 터무니없이 비싸게 돈을 빌리는 것이라는 사실을 금방 알 수 있습니다. 하지만 이자를 제대로 알고 있지 않으면 착시 효과가 생길 수밖에 없습니다.

돈을 빌릴 때는 연이율 20%보다 많이 받을 수 없도록 나라에서 법(법정 이자율)으로 정해 두었기에 50,000원은 가장 높은 이율인 연 20%로 빌려도 1년에 갚아야 하는 이자가 10,000원입니다.

이름만 빌려줘

돈이 필요한 상황에서 스스로 벌거나 빌릴 방법이 없는 아이들을 유혹하는 방식으로 청소년 금융 범죄가 발생하고 있습니다. 내구제 대출(휴대폰깡)이라고 불리는 범죄도 마찬가지입니다. 휴대 전화나 통장 등을 개설해 주기만 하면 100만 원 이상의 돈을 주겠다고 제안합니다. 당연히 이렇게 돈을 받고 건넨 휴대 전화나 통장은 범죄에 사용됩니다. 이 같은 범죄의 경우 아이가 금전적인 피해를 보는 데서 그치지 않고 본인 명의의 휴대 전화나 통장이 범죄에 사용되었기 때문에 법적 처벌을 받을 수도 있다는 점에서 더 위험합니다.

금융 생활의 개인 정보

초등학생 아이들은 혼자서 통장이나 휴대 전화를 개설할 수 없기 때문에 내구제 대출 범죄에 노출될 위험성은 많지 않습니다. 하지만 아이들에게 자신의 통장, 카드, 휴대 전화 등은 다른 사람이 들고 다니도록 해서는 안 된다는 점을 알려 주고 부모의 통장, 카드, 휴대 전화 등도 마찬가지라는 점을 이야기해 두는 게 좋습니다.

돈이 많으면 행복할까?

돈이 많아도 더 행복해지지 않는다

많은 사람이 돈이 많으면 행복할 거라고 생각하는 것 같습니다. 유튜브만 보더라도 '부자'라는 단어가 들어간 영상들의 높은 조회 수가 눈에 들어오고, 서점에 가도 경제 관련 도서에는 '부자'라는 단어를 심심치 않게 볼 수 있습니다. 초등학생 중에도 장래 희망을 부자, 건물주와 같이 적는 아이들도 있습니다. 그렇다면 돈이 많으면 정말 행복해질 수 있을까요?

미국의 경제학자 리처드 이스털린은 돈과 행복의 상관관계를 알기 위해 30개국의 행복도를 연구했습니다. 연구 결과, 다음과 같은 결과를 얻었습니다.

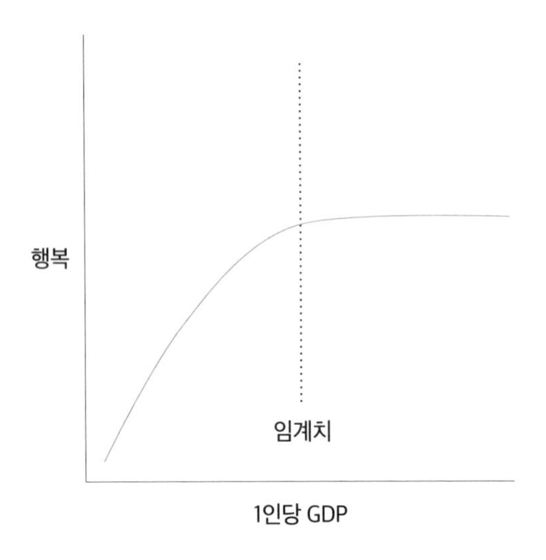

돈과 행복의 상관관계 그래프

그래프에서 가로축은 소득 수준을 의미합니다. 그리고 세로축은 행복도를 의미하죠. 그래프를 살펴보면 알 수 있듯이 일정 수준(임계치)까지는 소득이 높아짐에 따라 행복도가 비례하여 높아지지만, 일정 수준(임계치)을 넘으면 소득이 증가하더라도 행복이 더 이상 증가하지 않습니다. 돈이 많으면 행복할 것이라는 사람들의 생각을 깨뜨리는 연구 결과가 나온 것이죠. 이 연구 결과는 '이스털린의 역설'이라고 불리며 지금까지도 돈은 행복에 중요 요소가 아니라는 주장의 근거로 활용되고 있습니다.

돈이 많아질수록 행복해진다

이스털린의 역설을 보고 돈이 행복에서 중요한 요소가 아니라고 말하는 사람들은 임계치 이후의 그래프에 집중합니다. 소득이 늘어나도 더 이상 행복이 높아지지 않고 평행선을 그리고 있는 부분이죠. 하지만 우리는 임계치 이전의 그래프에도 집중할 필요가 있습니다.

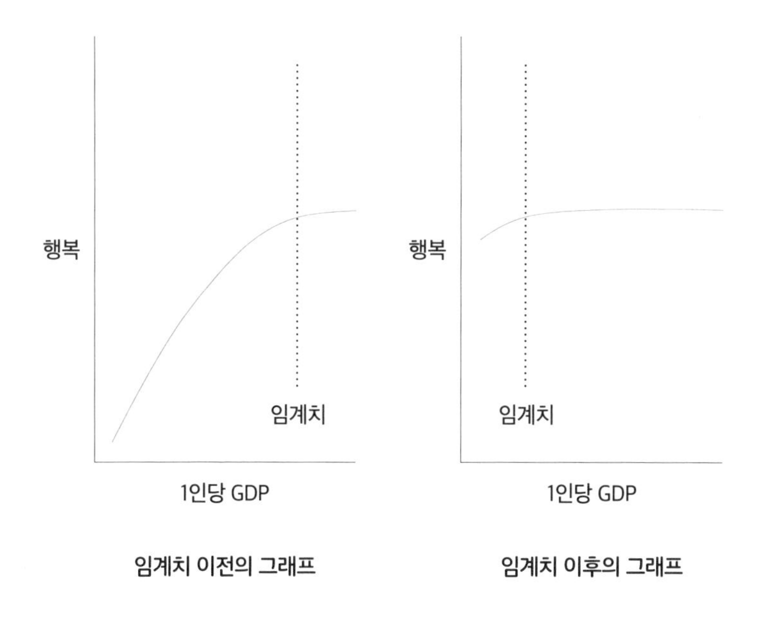

임계치 이전의 그래프 **임계치 이후의 그래프**

임계치 이전의 그래프에서 개인의 소득과 행복도는 정비례하고 있습니다. 소득이 늘어날수록 꾸준히 행복이 늘어나고 있죠. 이 부분만 떼서 보면 소득은 행복에 확실한 영향을 미치고 있습니다. 노벨 경제학상을 받은 대니얼 카너먼 교수가 2022년 11월 미국국립과학원회보(PNAS)에 발표한 연구 논문에서도 일정 수준까지는 소득이 증가함에 따라 행복도도 올라간다는 결과를 확인할 수 있습니다. 결국 행복을 위해서는 '돈이 필요하다'라는 이야기입니다.

삶의 불행을 막아 주는 돈

물론 돈이 행복을 무조건 보장하는 충분조건은 아닙니다. 돈이 곧 행복이고 행복이 곧 돈인 필요충분조건도 아닙니다. 하지만 돈은 행복에서 반드시 필요한 조건 중의 하나임은 틀림없습니다. 이 말은 행복을 위해 여러 가지 조건이 충족되어야 하며 돈도 그중 하나라는 의미입니다. 다시 말해 돈이 있으면 행복하다는 생각보다 이렇게 생각하는 게 어떨까 합니다.

'돈으로 인생의 많은 불행을 막을 수 있다.'

세계적으로 인기를 끈 넷플릭스의 '오징어 게임'에서 참가자들은 각자 처한 현재의 불행한 상황을 막기 위한 돈을 얻을 수 있다는 말에 게임에 참가합니다. 그런데 게임에서 지게 되면 목숨을 잃을 수도 있다는 사실을 알게 되자 투표를 통해 게임을 포기하고 일상으로 돌아가죠. 하지만 돌아온 일상에서 돈 때문에 생기는 문제들은 여전히 주인공들을 괴롭히고, 결국 목숨을 건 게임에 제 발로 다시 참가하게 됩니다. 이 장면을 보면서 다시 참가하는 사람들의 마음이 어느 정도는 이해가 됐습니다.

오징어 게임은 극단적인 예시지만 우리 삶에서도 비슷한 일들이 종종 생깁니다. 돈 때문에 꿈을 포기하는 일, 돈 때문에 양심을 포기하는 일, 돈 때문에 자존심을 포기하는 일들이죠. 부모가 걱정하는 부분이 바로 이런 것들 아닐까요? 우리 아이가 꿈을 포기하지 않기를, 양심과 자존심을 지키기를, 그래서 행복하기를 말이죠.

행복에는 다양한 조건이 필요합니다. 그중의 하나가 돈이죠. 그런데 돈 때문에 행복을 위한 다른 조건들을 포기해야 하는 일이 생깁니다. 돈에 대해 공부하고 돈을 잘 관리해야 하는 이유를 이렇게 생각하면 어떨까 합니다. 그리고 아이에게 돈에 대해 가르치는 이유를 이렇게 이야기해 주면 어떨까요?

'돈은 우리 삶에 생길지도 모를 불행을 예방하기 위해 필요하다.'

돈에 대해 제대로 공부해 삶의 불행을 예방한 후 돈과 함께 배운 여러 가지 가치들로 내 삶의 행복을 키워 가는 아이들이 많아졌으면, 그리고 아이에게 이것을 가르쳐 줄 수 있는 부모님들이 많아졌으면 좋겠습니다.

돈과 함께
가르쳐야 하는 것들

비교하지 않는 힘

나는 부자가 될 거야

아이를 부자로 만드는 것은 돈 공부에서 첫 번째 목표로 삼을만한 것은 아니라고 이야기했습니다. 하지만 '부자'라는 목표 자체가 잘못된 것은 아닙니다. 경제적 홀로서기를 마친 아이라면 아이 스스로 '부자 되기'라는 목표를 세울 수 있고 또 세워도 괜찮습니다. 그런데 부자가 되기 위해서 갖춰야 할 조건이 하나 있습니다. 그 조건은 '부자'라는 단어의 사전적 의미에서 찾아볼 수 있습니다.

'부자(명사): 재물이 많아 살림이 넉넉한 사람'

부자는 재물이 많아 살림이 넉넉한 사람을 의미합니다. 재물은 돈이나 그 밖의 값나가는 모든 물건이고, 살림은 살아가는 형편이나 정도를 뜻하죠. 넉넉하다는 것은 살림살이가 모자라지 않고 여유가 있다는 뜻입니다.

부자의 사전적 의미에 따르면 어떤 사람이 1000억을 가지고 있어도 스스로 넉넉하지 못하다고 생각한다면 부자가 될 수 없습니다. 반대로 100만 원을 가져도 스스로 넉넉하다고 생각하면 부자가 될 수 있습니다. 돈이 많다는 것과 살림이 넉넉하다는 것은 주관적인 판단으로 결정됩니다. '부자 되기'라는 목표는 결국 내가 어떻게 생각하는지에 따라 달라지는 것이죠. 그래서 누구나 부자가 될 수 있습니다. 그런데 부자가 되는 것을 방해하는 것이 하나 있습니다.

'비교하기'

최근 우리나라 사람들은 '절대적 빈곤'이 아닌 '상대적 빈곤' 속에서 살고 있다고 합니다. 분명 이전보다 소득 수준과 삶의 수준은 높아졌는데 스스로 가난하다고 느끼는 사람은 훨씬 많아진 거죠. 주위에서도 살아가기에 충분한 돈을 가지고 있다고 생각하는 사람은 찾아보기 힘듭니다. 100명의 사람이 줄을 서서 앞만 보고 있는 상황과 같다는 생각이 듭니다. 100번째 서 있는 사람이나 50번째 서 있는 사람이나 자신이 맨 뒤라고 생각하는 거죠. 내 앞에 사람들이 서 있기 때문입니다. 심지어 10번째에 서 있는 사람도 앞에 선 9명의 뒷모습을 보며 자신이 맨 뒤에 서 있다고 생각합니다. 이런 상태에서 만족할 수 있는 사람은 맨 앞에 선 한 사람뿐입니다.

좋은 비교를 하는 아이로 키워요

비교는 돈과 관련된 부분뿐만 아니라 인생의 행복까지 영향을 미칩니다. 물론 비교가 무조건 나쁜 것은 아닙니다. 나쁜 비교는 남과 비교하여 스스로를 초라하게 느끼는 비교입니다. 또, 남과 비교하며 스스로 좌절감을 느끼고 노력하려는 의지를 잃는 것이 나쁜 비교입니다.

아이가 남과 비교하지 않는 나만의 목표를 세울 수 있게 하는 가장 좋은 방법은 부모가 모범이 되어 주는 것입니다. 생각보다 아이들은 부모의 모습을 많이 닮습니다. 부모의 말과 행동을 듣고 또 그대로 말하고 행동하기도 합니다. 그래서 부모는 아이에게 좋은 비교의 본보기가 되어 주어야 합니다.

그리고 아이의 모습에 대한 좋은 비교를 많이 해주길 바랍니다. 사실 좋은 비교를 하는 방법을 부모는 알고 있습니다. 이미 좋은 비교로 아이의 성장을 도와준 적이 있죠. 기어만 다니던 아이가 처음으로 한 발을 떼었을 때 다른 집 아이가 걷든 걷지 못하든 중요하지 않았을 겁니다. 아이가 이전에 하지 못하던 것을 하게 된 걸 축하하고 격려해 주었을 뿐이죠. 그런데 지금은 나도 모르게 다른 집 아이들과 비교하고 있진 않은지 한 번쯤 생각해 보면 좋지 않을까요? 지금 이 순간에도 아이는 성장하고 있습니다. 아이가 남이 아닌 자기 자신의 이전 모습과 비교하며 성장해 나갈 수 있도록 많은 격려를 해주길 바랍니다.

감사하는 마음

A라는 사람이 카페에서 업무차 B를 만났다. 두 사람은 자리를 잡고 커피를 주문했다. 잠시 후 종업원이 두 사람이 앉은 자리로 커피를 가져다주었다. 종업원이 커피를 탁자 위에 올려 두자, A가 종업원에게 '고맙습니다'라는 인사를 건넸다. B는 이 모습을 멀뚱히 쳐다보고 있었다. 종업원이 돌아가자 B가 A에게 물었다. "왜 '고맙다'라고 해요? 돈을 냈으니 가져다주는 건 당연하지 않나요?"

—〈세금 내는 아이들〉 에피소드 중

고마움은 없고 불평불만만

교실에서 아이들에게 들려준 이야기입니다. 아이들에게 이야기에 대한 생각을 물어보면 '예의 없는 사람이다.', '인사는 당연히 해야 한다.' 등의 말을 쏟아냅니다. 인터넷에서 본 이야기이기 때문에 실제로 있었던 일인지는 확실하지 않습니다. 하지만 너무 걱정됐습니다. 반에도 이런 모습을 보이는 친구들이 몇 명 있었기 때문입니다.

급식 시간, 아이들에게 음식을 떠 주는 일을 하고 돈을 버는 '급식 배식원'이라는 직업이 있습니다. 급식을 깔끔하고 공정하게 퍼 주는 것은 생각보다 쉬운 일이 아닙니다. 그러다 보니 사람마다 받은 음식의 양에 차이가 나거나 국이 식판에 조금 흐르는 경우도 있습니다. 어느 날 한 친구의 식판에 국이 조금 넘쳤습니다. 한 아이가 급식 배식원을 향해 이렇게 말합니다.

"돈 받고 하는데 똑바로 안 할래? 월급 루팡이냐?"

월급 루팡은 '일은 제대로 하지 않으면서 월급만 축내는 사람'을 의미하는 신조어입니다. 돈을 받고 당연히 해야 하는 일인데 제대로 하지 않는다는 것이죠. 참 무서운 생각이었습니다. 그래서 아이들에게 A와 B의 카페 이야기를 들려주었습니다. 그리고 이 모습이 우리 교실에서 일어나고 있다고 말했습니다. 아이들은 꿀 먹은 벙어리가 되었습니다. 그 이후로 돈을 받고 일을 하더라도 고생하는 친구들에게 '고마워'라는 말을 할 수 있게 지도했습니다. 교사인 저도 항상 아이들에게 고맙다고 말하는 것을 잊지 않았습니다. 세상은 '돈'이라는 조건 하나만으로 돌아가지 않기 때문에 아이들에게 반드시 가르쳐야 할 내용이라고 생각합니다.

'당연히'라는 생각은 호의를 베푸는 사람이 가지는 생각이지 호의를 받는 사람이 가지는 생각이 아닙니다. 우리 아이가 자신이 받는 것을 당연하게 여기는 아이로 크길 원하지 않을 겁니다. 부모이니 당연히 이 정도는 해줘야 한다고 생각하는 아이로 크길 원하지도 않을 겁니다. 돈은 인생에서 중요한 요소 중 하나이지만 세상의 모든 것들이 돈으로만 돌아가지는 않습니다. 고맙다는 말과 인사는 돈을 받았기 때문에 하는 것이 아닙니다. 거기에는 우리의 삶을 더욱 아름답게 만들어 줄 수 있는 친절과 배려, 감사와 양보, 서로에 대한 존중이 담겨있습니다.

아이는 잘 모를 수 있습니다. 모든 것이 처음이기에 잘 모르는 게 당연합니다. 그래서 부모와 교사가 아이에게 가르쳐 주어야 합니다. 아이가 모든 일을 당연히 생각하지 않도록, 모든 일에 감사함을 느끼고 표현할 수 있도록 부모님들이 아이에게 가르쳐 주었으면 좋겠습니다.

아이는 돈을 대하는 부모의 태도를 그대로 물려받습니다

돈이라는 건 사람들이 참 좋아하면서 많은 관심을 두는 대상입니다. 하지만 돈에 대한 경험은 제각각입니다. 이로 인해 돈을 바라보는 관점도 천차만별입니다. 사업으로 부를 이룬 사람은 자연스레 자녀에게 사업에 대한 이야기를 하게 됩니다. 근검절약과 저축으로 부를 이룬 사람은 자녀에게 저축의 중요성을 강조할 것입니다. 또한, 투자로 부를 축적한 사람은 자녀에게 투자의 중요성을 이야기합니다. 그렇기에 이 책에서 다룬 돈 교육법이 유일한 경제 교육의 방법 혹은 최고의 경제 교육 방법이라고 말씀드리고 싶지는 않습니다. 그저 아이들의 경제 교육에 관심 있는 한 초등 교사의 철학과 노하우가 담긴 내용으로 생각해 주시면 좋겠습니다. 그렇기에 이 책에서 소개한 활동들을 그대로 운영하셔야 하는 것은 절대 아닙니다. 이 책에서 제안하는 활동은 우리 아이 돈 공부를 위한 다양한 예시 중의 일부입니다. 각 가정의 환경과 상황, 부모님의 판단에 따라 유연하게 수정하고 적용하기를 권합니다.

아이에게 돈을 가르칠 때 한 가지 명심하셔야 할 것이 있습니다. 바로, 부모님이 돈을 대하는 태도가 아이에게도 그대로 전해진다는 것입니다. 가정에서 아이에게 하는 돈 교육에는 부모님의 돈에 대한 철학과 관점이 함께 담기게 될 것입니다. 그러니 돈에 대한 부모님의 철학을 먼저 바로 세워 주시길 바랍니다. 이 활동에서 얻을 수 있는 가장 중요한 것은 단순히 돈을 다루고 관리하는 것이 아니라 부모님과 함께 돈에 대한 가치관을 나누고 이야기하는 과정입니다. 이를 통해 아이들은 돈을 다루는 기술뿐만 아니라 돈에 대한 책임과 돈을 포함한 우리 삶 속의 여러 가지 가치들을 배울 수 있습니다. 돈을 배운다는 것은 단순히 돈을 어떻게 관리하는지에 국한되지 않습니다.

책에서 소개한 활동으로 조금이나마 가정에 즐거움이 더해지기를, 그리고 부모님에게서 경제 독립을 하는 아이들이 많아지길 바라 봅니다.

용돈 관리부터 주식 투자까지
집에서 시작하는 우리 아이 첫 경제 교육

옥효진 선생님의 초등 돈 공부

초판 1쇄 발행 2024년 4월 22일
초판 2쇄 발행 2024년 5월 9일

지은이 옥효진
펴낸이 민혜영
펴낸곳 (주)카시오페아
주소 서울시 마포구 월드컵로 14길 56, 4층
전화 02-303-5580 | **팩스** 02-2179-8768
홈페이지 www.cassiopeiabook.com | **전자우편** editor@cassiopeiabook.com
출판등록 2012년 12월 27일 제2014-000277호

ISBN 979-11-6827-184-5 03590